KB136662

과학기술,
미래 국방과
만나다

과학기술,
미래 국방과 만나다

초판 1쇄 펴낸날 2022년 11월 2일
초판 2쇄 펴낸날 2023년 3월 20일

지은이 박영욱·한성수·김승천 외
엮은이 (사)한국국방기술학회

펴낸이 최윤정
펴낸곳 도서출판 나무와숲 | 등록 2001-000095
주 소 서울특별시 송파구 올림픽로 336 910호(방이동, 대우유토피아빌딩)
전 화 02-3474-1114 | 팩스 02-3474-1113 | e-mail namuwasup@namuwasup.com

ISBN 978-89-93632-88-0 03390

4차 산업혁명 시대 첨단 과학기술과 국방의 융합

과학기술, 미래 국방과 만나다

박영욱·한성수·김승천 외 지음
(사)한국국방기술학회 엮음

나무와숲

전문가들이 함께 만든 첨단 국방과학기술 이야기로 독자 여러분을 만나게 되었다. 거시세계인 우주·항공기술에서부터 4차 산업혁명 기술로 일컬어지는 지능정보화 기술을 위시한 주요 군사 기술을 망라하여 다양한 분야의 최신 과학기술 동향과 정보를 소개하고자 한다.

『과학기술, 미래 국방과 만나다』는 필진으로 참여해 주신 한국국방기술학회 학술이사님들을 포함하여 여러 전문가와 관계자 분들의 관심과 응원, 그리고 열성적인 협동 작업으로 탄생했다. 먼저 한국국방기술학회의 기획으로 2022년 전반기 6개월 동안 매주 월요일마다 《국방일보》 13면을 채웠던 〈최신 국방과학 연구 동향〉 연재기사들이 출발점이 됐다. 《국방일보》 연재가 끝난 후, 필진들이 이 책 출간 의도를 충분히 이해해 주시고 다시 한 번 원고를 성심껏 보완해 주신 끝에 어렵사리 22편의 글 모음집이 완성되었다.

이 책을 통해 우리는 다양한 분야의 과학기술이 국방에 적용되어 어떻게 첨단 군사력을 강화시킬 수 있는지에 대해 구체적으로 살펴보고자 했다. 동시에 국방 분야의 총체적인 과학기술 능력의 중요성을 재차 환기시키면서 우리 장병과 일반 국민들의 국방과학기술에 대한 디지털 문해력literacy 증진에 조금이라도 도움을 주고자 했다.

이 책을 통해 독자들이 첨단 군사기술의 현주소를 확인할 수 있고, 인류 문명 진화의 원동력이자 지구 생태계 파괴의 주원인이기도 한 현대 과학기술의 다양한 발전상을 살필 수 있다면 더욱 바랄 바가 없을 것이다. 이 책이 그동안 어렵기만 했던 국방과학기술의 세계로 편안한 첫 걸음을 내딛게 해줄 수 있는 독자들의 든든한 길잡이가 되었으면 한다.

애초의 의도를 얼마나 달성했는지 그 객관적 평가는 전적으로 독자들의 몫이다. 그러나 20여 명이 넘는 국내 최고의 전문가들이 다양한 분야의 과학기술에 대해 다루면서 일반 수준의 해설과 함께 군사적 활용 추세나 가능성까지도 꼼꼼히 짚고자 노력했다. 이러한 공동 작업이 우리나라 국방 분야에서 거의 처음으로 이루어진 어려운 시도였다는 점을 조심스럽게 밝히고 싶다.

이 책은 크게 다섯 부분으로 구성되어 있다. 대부분의 과학기술 분야가 군사적으로 활용되거나 활용 가능하지만, 현재 우리 첨단 과학기술군 건설에 가장 필요한 핵심 분야와 주제들로 나누어 묶었다. 먼저 4차 산업혁명의 전략기술인 우주·항공 분야를 1부로, 반도체부터 슈퍼 섬유에 이르기까지 부품·소재 분야를 2부로 편성했다. 또한 최근 우리 과학기술군 육성의 기반이 되는 인공지능 관련 기술 분야를 3부로, 본격적인 미래전 대비와 관련된 주제들을 4부로 묶었다. 그리고 첨단 과학기술군 건설을 달성하기 위해 기본 전제가 되어야 하는 제도 개선과 인프라 구축에 관한 여섯 편의 글을 마지막으로 배치했다.

스물한 분의 필자들 모두 가장 소중한 지적 자산과 귀한 시간을 이 책에 나눠 주고 쏟아 주셨다. 그러나 이분들 외에도 이 책이 세상에 선을 보이기까지 정말로 많은 분들이 힘을 보태 주셨다. 국방과학기술 전 분야에 전문가 못지않은 해박한 지식과 열정을 지니신 박창식 국방홍보원장님, 그리고 이 책의 기본 골격이 된 《국방일보》의 20여 편에 달하는 연재 기사들을 일일이 다듬어 주시면서 기획 의도를 충분히 달성하는 데 결정적 역할을 해주신 김가영 취재팀장님께 깊은 감사의 말씀을 드린다. 쉽지 않은 전문 분야의 글들을 받아 과감히 출판을 결정해 주고 작품을 만들어 주신 도서출판 나무와숲에도 앞으로 갚아야 할 큰 신세를 졌다.

한국국방기술학회를 세계적인 민간 국방 싱크탱크로 키우기 위해 어려운 여정을 함께하고 계시는 국방기술학회 이사님들과 회원사, 회원분들과 첫 출판의 기쁨을 나누고자 한다. 끝으로 이 작은 결실이 학회의 발전과 성장을 위해 24시간 함께 동분서주하고 있는 우리 사무국 식구들과 같이 거두는 첫 수확이기에 언제까지라도 함께하기를 바라면서 다시 한 번 고마움을 전한다.

(사)한국국방기술학회 이사장

박영욱

/ 차 례 /

2 4차 산업혁명 전략기술과 국방 II : 소재·부품

3 인공지능과 국방안보

4 미래전 대비를 위한 과학기술

5 국방과학기술 관련 제도 및 인프라

서문 :
왜 국방과학기술인가?
첨단 과학기술에 대한 이해가 스마트군 건설의 첫걸음

박영욱

한국국방기술학회 이사장
명지대 외래교수
우석대 겸임교수

무기 첨단기술 비중이
군사력을 좌우한다

인류 역사에서 무기가 등장하고 전쟁이 시작된 이래 군사력에서 첨단기술의 비중과 중요성이 가장 크고 결정적인 시대를 맞이하고 있다. 굳이 세계대전과 핵무기 개발의 역사를 얘기하지 않더라도 첨단무기 개발 경쟁이 가속화되고 있는 국제안보 상황을 모르는 이가 없다. 여기에 현대에서 벌어지는 전쟁의 전통적인 조건과 범위가 획기적으로 달라졌다는 점도 이미 익숙해진 현실이다. 육지와 바다, 그리고 하늘에서 벌어지던 전투가 이제 컴퓨터 기술로 모든 것이 연결된 사이버 공간에서도 당연스럽게 벌어지고 있고, 전투기가 날아다니는 공중을 넘어 로켓과 위성이 활약하는 우주 공간도 이제 더 이상 평화로운 공간이 되지 못하고 있다.

이처럼 여러 영역으로 넓어진 전장의 공간에 인간 전투원 대신 로봇과 드론 등 무인 기술이 적용된 최신식 무기들이 속속 등장하기 시작했다. 이러한 전쟁의 변화 추세에 대해 통상 전문가들은 "지상·해상·공중의 전장 영역이 우주와 사이버를 포함한 다영역Multi-Domain으로 확대되고 무인 자율화 기술이나 인공지능을 비롯한 첨단 지능정보기술이 적용되면서 재래식 무기체계가 고도로 지능화하고 융복합화하고 있다"고 말한다. 이러한 모습은 이제 먼 미래전에 대한 예측과 전망이 아니라 현대 전장의 현실로 받아들여지고 있다.

스핀오프spin-off에서 스핀온spin-on으로 기술 발전 경로 역전

현대의 최첨단 과학기술이 발전하는 양상과 경로가 달라지고 있다고 한다. 이와 관련하여 첨단 무기체계를 만드는 데 필요한 기술도, 무기체계를 비롯한 군사 기술의 발전 양상도 함께 변화하고 있다.

1·2차 세계대전을 거치면서 얼마 전까지만 해도 주로 미국을 비롯한 세계 패권 국가들을 중심으로 군사적 필요에 따라 최첨단 과학기술을 개발하거나 발전시킨 경우가 많았다. 처음에는 군사적 목적으로 개발된 기술이 점차 비군사적인 민수 분야에도 파생되어 적용되곤 했다. 이를 군사 기술의 민수 기술로의 스핀오프spin-off, 이전라고 표현한다.

스핀오프 사례는 수도 없이 많다. 1970년대 미 육군이 내부 정보를 유통하는 네트워크와 인트라넷망을 만들다가 발전시켰던 기술이 오늘날 전 세계 민간인들이 사용하는 인터넷 기술로 파생된 것이 대표적 사례다. 또한 내비게이션 시스템도 군에서 개발되었다가 민간으로 이전된 스핀오프 사례로 널리 알려져 있다. 미 해군이 무기체계에 필요한 위성 기반의 GPSGlobal Positioning System를 개발했는데, 1983년 우리나라 대한항공 007편이 명확한 위치 파악에 실패하여 격추되면서 미국이 민항기의 안전한 항행을 보장하기 위해 공개하기 시작한 기술이 오늘날의 글로벌 위성항법시스템인 GNSSGlobal Navigation Satellite System로 발전한 것이다.

그러나 이처럼 군사 영역에서 민간 영역으로 파생되는 기술의 스핀오프 경로가 최근 역전되는 경우가 많아지고 있다. 민수 시장에서 개발된 상용기술commercial technology을 군사 분야에 적용하는 스핀온spin-on, 전이이 발생하면서 무기체계가 첨단화되는 경향성을 띠게 된 것이다.

특히 2010년대 들어 정보통신ICT 분야의 기술과 산업 간 융복합 추세가 두드러지면서, 이러한 정보기술의 스핀온이 일반적인 양상으로 자리잡게 되었다. 상용 분야에서 발전된 빅데이터 과학과 알고리즘 기술, 그리고 컴퓨팅 파워의 발전이 어우러지면서 인공지능을 비롯한 지능정보화 기술이 눈부시게 발전하고, 이러한 혁신적 기술이 속속 국방 분야에 적용되면서 무기체계와 군사력의 지능정보 중심의 첨단기술 의존성이 더욱 커지게 된 것이다.

날로 **가속화**하는 **기술패권주의** 경쟁

이 같은 민수 상용 기술의 스핀온 강화 추세와 변화가 가시화되고 명시화된 상징적인 시점을 2014년 미국의 '3차 상쇄전략3rd Offset Strategy'의 선언으로 볼 수 있다. 이름조차 생소한 상쇄전략이란 "자국의 군사력 우위와 전쟁의 승패가 기술적 우위로 갈리기 때문에 과학기술 분야에서 우위를 선점함으로써 군사적 우위와 세계 패권국의 지위를 확보하고 유지해야 한다"는 미국의 핵심 안보 전략이다. 민수 분야에서 기술혁신이 가속화하는 시대에 중국과 러시아 등 적대국들이 인공지능이나 상용 지능정보화 첨단기술을 이용해 미국의 군사적 우위를 위협할 가능성에 대비해야 하는데, 이러한 위협 요소를 상쇄offset시킬 수 있는 억제 방안으로 3차 상쇄전략을 제시한 것이다.

이 같은 기술 중심의 군사 전략은 현재까지도 미국의 가장 중요한 국가 안보 전략이 되고 있다.

이처럼 기술 중심의 안보 전략은 이제 국가의 명운을 건 경제 전략과 국가 생존 전략으로 확대되고 있다. 현재 미·중, 더 나아가 세계 주요국 간의 기술패권 경쟁이 전통적인 군사안보 영역뿐 아니라 산업경제 전반으로 번지고 있음은 잘 알려진 사실이다. 비단 지능정보화 기술뿐만 아니라 반도체를 비롯한 소재·부품·장비(소부장) 분야에 이르기까지 첨단기술이 군사적 영역을 넘어 글로벌 공급망 점유와 국가 산업 경쟁력을 가늠하는 '안보전략기술'로 격상되면서 주요국 간의 미래 기술 주도권 경쟁으로 가열되고 있다.

우리나라 역시 냉엄한 국제사회의 현실에서 지위와 힘을 갖기 위해서는 첨단기술력 확보에 온힘을 기울일 수밖에 없다. 일단 국가의 촘촘하고 세심한 지원 시스템으로 군사 과학기술 분야의 연구 역량과 경쟁력을 세계 수준으로 키우는 일이 가장 중요하다.

그런데 국방과학기술의 국가적 경쟁력을 높이기 위해서는 국가재정과 재원의 원천인 국민 납세자들의 동의와 지지가 뒷받침되어야 한다. 국민들 역시 세금과 자원이 제대로 국가 전략기술 발전에, 국가안보 강화에 쓰이는지를 알아야 한다. 이를 위해서는 일반 국민들도 국가안보의 핵심인 국방과학기술에 대해 알고 이해하는 일이 선행되어야 한다. 알아야 지킬 수 있다.

일상의 안전을 지킬 수 있는 과학기술 지식

21세기 국가와 사회를 움직이는 가장 핵심적인 동력은 '기술', 좀 더 엄밀하게 말하면 '과학기술'이다. '과학'과 '기술'은 역사적으로 발전해 온 경로도 다르고 그 정의와 뜻 역시 차이가 있다. 통상 과학이란 자연과학을 일컬으며, 자연세계와 그 현상에 대한 합리적 지식과 사고의 체계를 의미한다. 반면 기술이란 인간의 목적에 따라 응용할 목적으로 의도적으로 개발한 지식 체계를 뜻한다.

그러나 현대사회에서 과학적 지식과 기술적 지식을 엄격히 분리하는 것은 이미 불가능해졌고, 또 무의미해졌다. 지금은 응용과 적용을 목적으로 개발되는 기술 지식도 기초적이고 원천적인 과학적 지식이 바탕이 되고 있고, 연구개발 과정에서 구분 없이 동시에 발전되고 있어 대체로 '과학기술'이 결합되고 융합된 한 단어처럼 쓰이고 있다.

여하간 우리가 일상에서 누리고 의존하고 있는 현대문명 자체가 기술문명에 기반하고 있다는 사실은 부인할 수 없다. 따라서 현대인이 과학기술을 알고 이해하는 일이 개인과 국가, 더 나아가 인류의 생존과 번영에 불가결한 요소라는 점을 부인하기 어렵다. 더군다나 코로나19 사태로 일상이 무너지면서 과학기술에 대한 기본적인 지식 습득과 이해가 갖는 중요성이 배가되었다.

물론 이러한 지식을 갖지 않고도 일상생활이 불가능한 것은 아니다. 그러나 지금 일어나는 많은 사회적 이슈와 난제, 문제들을 제대로 이해하고 그러한 문제들에 대한 공동체의 해결책을 찾는 일, 그리고 우리 스스로를 안전하게 지키면서 삶의 질을 유지하거나 높이는 일 모두 그 중심이 되는 과학기술에 대한 기본적 지식과 이해가 있어야 한다.

왜 코로나19와 같은 바이러스 출현이 지구 생태계에 빈발하게 됐는지, 그 위험성은 무엇이고 그러한 위험으로부터 인류를 지키기 위해 어떤 기술들이 개발됐고, 앞으로 돼야 하는지에 대한 이해는 생명공학에 대한 기본적이고 기초적인 지식이 바탕이 되어야 가능하다. 즉 코로나 바이러스가 창궐하는 시대에 왜, 어떻게 방역해야 우리의 생명을 지킬 수 있는지를 제대로 이해하고 실천하기 위해서도 과학기술에 대한 정확한 지식과 이해가 선행되어야 한다는 것이다.

이제 엄중한 국제 안보질서에서 군사적 안전을 보장받기 위해서뿐 아니라 우리 생명과 일상의 삶을 위해서도 과학기술에 대한 지식과 이해는 반드시 필요한 요소가 되었다.

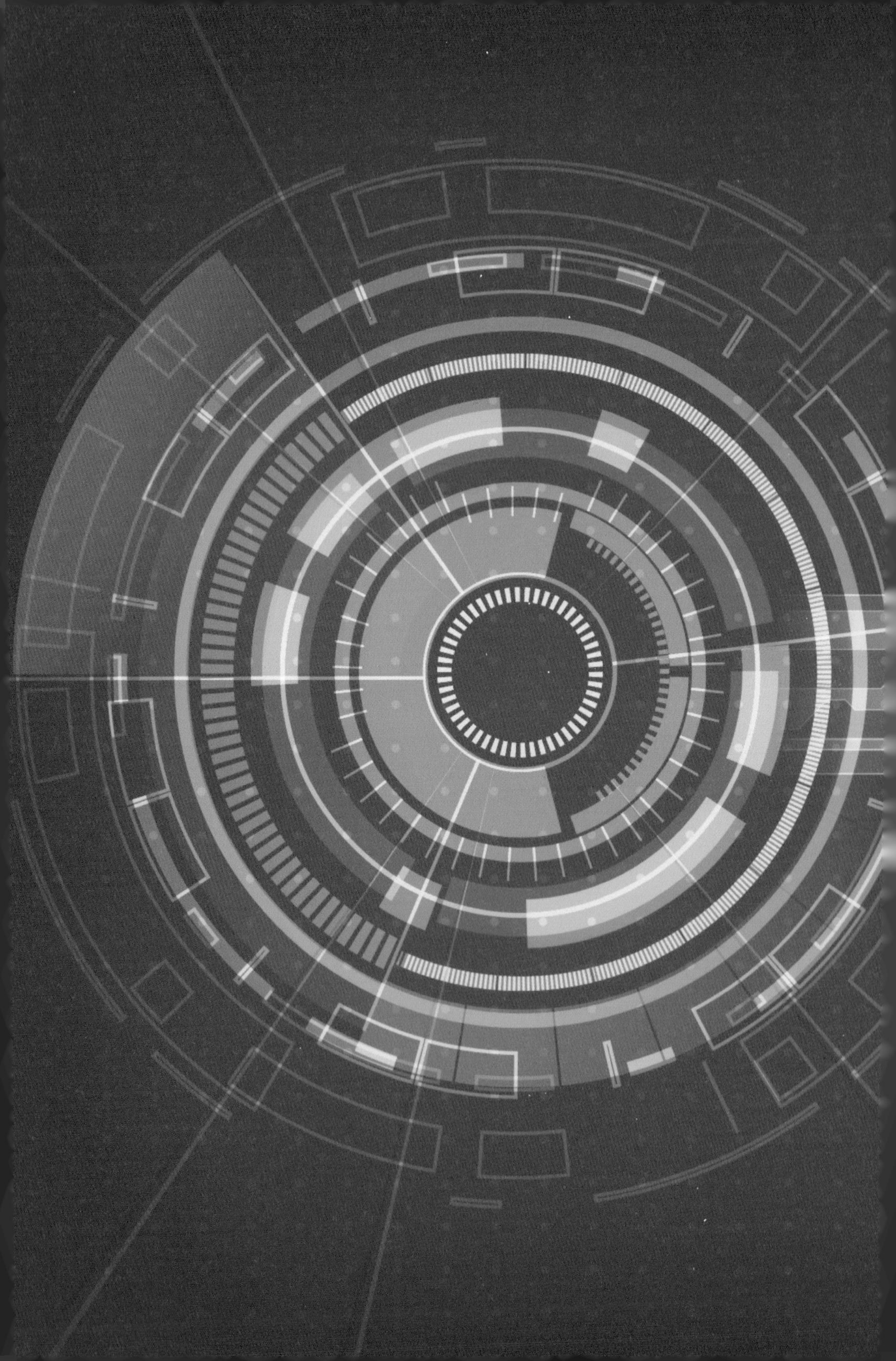

1

4차 산업혁명 전략기술과 국방 I : 항공·우주

위성항법시스템과 글로벌 패권 경쟁

기창돈
서울대학교 항공우주학과 교수
한국국방기술학회 학술이사

위성항법시스템GNSS과 각국의 개발 동향

1991년 약 한 달 동안 벌어진 걸프전에서 연합군이 이라크군을 상대로 압도적 승리를 할 수 있었던 배경에는 사막 한가운데서도 길을 잃지 않는 GPS라는 비밀 장비가 있었다. 전쟁 기간 7만 명의 사상자를 낸 이라크군에 비해 연합군은 전사자가 300명이 채 안 되는 엄청난 전과를 올렸다. 지형·지물 구분이 불가능한 사막 속으로는 절대 진격해 오지 못할 것이라는 적의 예상을 완전히 뒤엎고 당시 최첨단 기술인 GPS를 이용해 오히려 사막 깊숙한 곳에서 적의 후방을 공격함으로써 얻은 성과였다.

위성항법시스템GNSS : Global Navigation Satellite System은 항법위성의 신호를 수신하는 사용자에게 위치뿐만 아니라 시각 및 속도 정보를 제공해 주는 시스템이다. 미국의 GPS, 러시아의 글로나스GLONASS, 유럽의 갈릴레오Galileo, 중국의 베이더우Beidou, 인도의 나빅NAVIC, 일본의 준텐초QZSS, 그리고 2022년부터 개발을 시작하는 한국의 KPS Korea Positioning System가 바로 위성항법시스템이다.

최초의 위성항법시스템인 미국의 GPS는 극비리에 군사용으로 개발되었다. 토마호크 미사일 등 정밀타격 무기에 적용되어 전반적인 무기 성능을 한 등급 업그레이드하는 데 절대적인 역할을 했으며, 오늘날 미국이 슈퍼파워가 되는 데 현격한 공을 세웠다.

또한 1983년 이후 GPS는 민간에 개방되어 자율주행, 드론택시, 스마트폰 등과 같이 생활 편의와 재난, 안전, 문화 등 위치 정보가 필요한 모든 분야에서 광범위하게 활용되고 있다.

주목해야 할 점은, 현재 미국과 세계 패권을 다투고 있는 중국이 35기의 항법위성 체계를 완성하기 위해 2018년 한 해에만 그 절반에 달하는 17기의 위성을 쏘아 올렸다는 사실이다. 이를 보면 중국이 얼마나 베이더우의 조기 운용에 심혈을 기울였는지, 그리고 슈퍼파워가 되기 위한 핵심 요소로 위성항법체계가 얼마나 중요한지를 단적으로 알 수 있다. 또한 인도는 파키스탄과의 분쟁 도중, 미국이 양측의 충돌을 지연시키기 위해 GPS 사용을 차단했던 사건을 겪으면서 위성항법시스템 종속의 심각한 문제점을 파악하고, 이후 독자적인 위성항법시스템인 나빅 개발을 시작했다.

종합하면 미국의 GPS나 러시아의 글로나스와 같이 전 지구에서 활용 가능한 시스템이 이미 있음에도 불구하고, 선진국들이 자국의 위성항법시스템을 각자 구축하고 있다는 것이다. 그 이유는 위치·시각이라는 미래 국가 핵심 인프라를 안정적으로 운영해 4차산업에 대한 경쟁력을 확보하기 위해서다. 또한 국방과 국가안보의 핵심 요소를 다른 나라에 의존할 수 없기 때문이기도 하다.

한국형 위성항법시스템 'KPS' 2035년까지 구축

미국이 GPS를 개발한 후 우리나라도 위성항법시스템의 중요성을 인지하고 개발 정책 수립 및 연구개발을 진행해 왔다. 2004년 독자 위성항법시스템 개발 중요성에 관한 연구를 시작으로 2014년에는 전 국토에 미터급 정밀위치 정보를 제공하는 한국형 SBAS Satellite-Based Augmentation System, 즉 광역보강항법시스템 개발이 시작되었다. SBAS는 위성항법시스템의 오차 정보를 2기의 정지궤도 위성을 통해 사용자에게 제공하는 대표적인 위성항법 보강 시스템이다.

우리나라는 2024년을 목표로 한국형 SBAS, KASS Korea Augmentation Satellite System 개발을 진행 중이다. 또한 최근 4차 산업혁명과 함께 PNT Position, Navigation, and Timing 정보의 중요성이 더욱 커지면서 2021년 우리 정부는 단순히 GPS 보강이 아닌 독자 위성항법 체계, 즉 한국형 위성항법시스템 KPS Korea Positioning System를 구축하기로 결정하였다. KPS는 2035년까지 경사궤도 위성 5기와 정지궤도 위성 3기로 구축될 예정이다.

앞으로 KPS가 개발되면 정확도가 향상된 위치와 시각 정보를 안정적으로 제공하는 국가 PNT 인프라를 구축할 수 있게 된다. 또한 4차 산업혁명 경쟁 시대에 없어서는 안 될 PNT 기술을 완성함으로써 이를 기반으로 국민 생활의 질적 향상과 더불어 관련 산업의 경쟁력이 극대화될 것으로 기대된다. 무엇보다도 기존의 통신·기상·관측 목적의 위성뿐만 아니라 8기의 항법위성, 그리고 군 통신위성 및 초소형

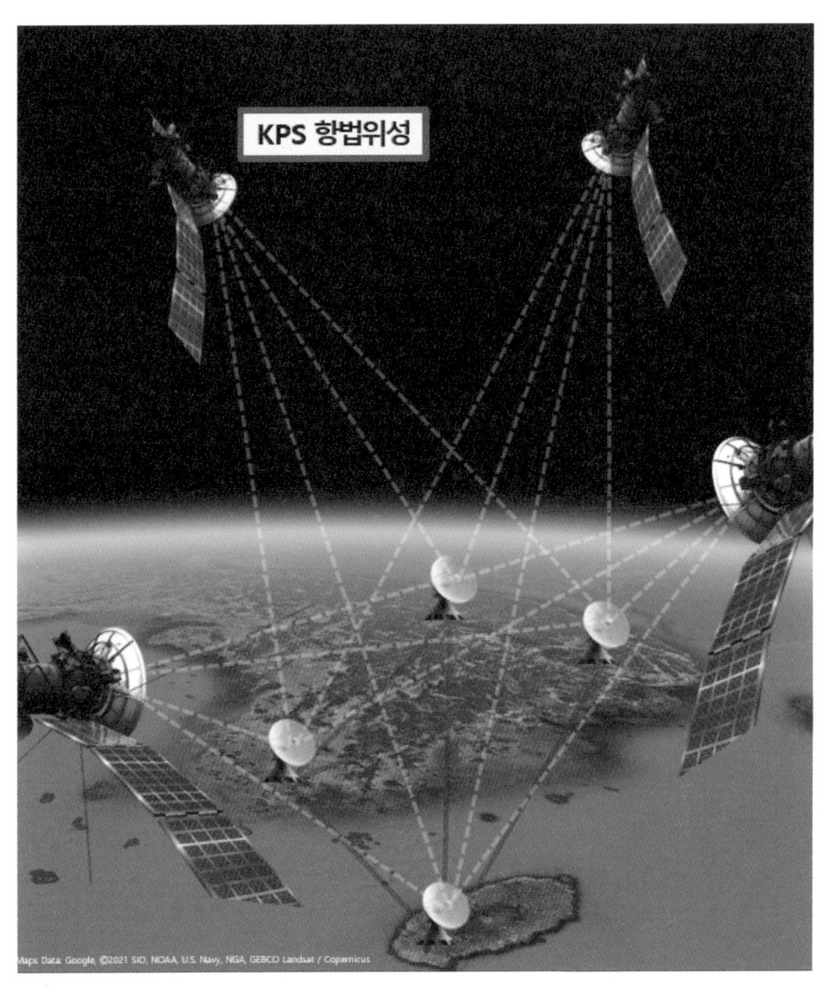

그림 1 한국형 위성항법시스템(KPS) 항법위성의 운용 개념도

군집 정찰위성과 함께 바야흐로 실질적인 우주전 강국으로서의 면모를 갖추게 될 것이다.

4차 산업혁명과 현대 무기체계에서 GNSS의 역할

현재 진행되고 있는 4차 산업혁명은 인공지능 기술과 함께 연결성과 자동화를 극대화하여 사회 전반의 지능화를 실현할 것으로 전망된다. 대표적인 4차산업 영역으로 자율 드론, 자율자동차, 자율 로봇 등이 있다. 이러한 것들이 제대로 작동하기 위해서는 통신·시각뿐만 아니라 위치정보 PNT 인프라가 필수다. 따라서 PNT

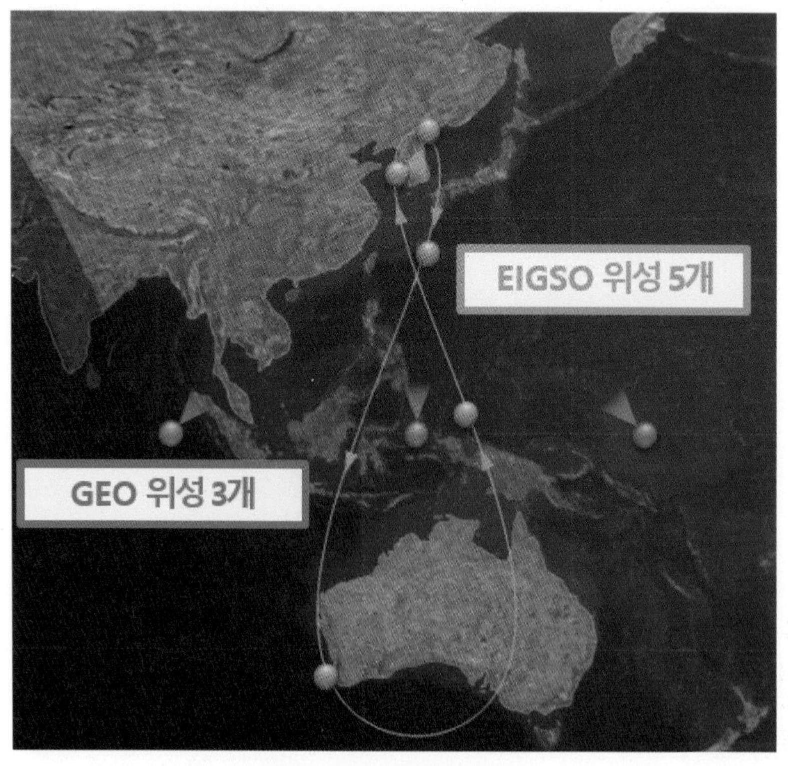

그림 2 GEO 위성과 EIGSO 위성

인프라를 제공하는 위성항법시스템이 반드시 필요하다. 일반적으로 자율 무인자동차를 위해서는 10~20cm의 초정밀 위치정확도가 요구된다.

국방에서도 기동차량, 전투기, 전투함, 미사일방어 체계, 스마트 포탄 등 거의 모든 무기체계에서 미터급 위성항법시스템이 사용되고 있다. 가까운 미래에는 무인 전투기, 무인 기동차량, 무인 전투함 등 거의 모든 무기체계가 항법, 통신, 인공지능과 결합한 무인화된 체계로 발전할 것이다. 이를 위해서는 미터급보다 한 등급 높은 센티미터급 항법 정확도가 요구된다.

그런데 위성항법 신호를 의도적으로 방해하며 교란하는 GPS 재밍(전파방해)에도 대비해야 한다. 과거 꾸준히 일어났던 북한의 재밍 공격 사건에서도 알 수 있듯이, 약 2만km 고도의 GPS 항법위성에서 방송되는 위성항법 신호는 거리의 한계로 인해 수신 신호 강도가 미약할 수밖에 없어 재밍에 취약하다는 단점이 있다. 물론 민간용 수신기와 비교하면 군용 수신기가 강하지만, 그렇다고 재밍을 완전히 방어하지는 못한다. 따라서 군뿐만 아니라 민간에서도 이에 대한 대비책이 필요하다.

더 정확하고 재밍에 강한 GNSS 구축 필요

최근 미래 GNSS 구축 방안이 미국과 유럽, 중국에서 활발하게 연구되고 있다. 현재의 GNSS와 보강시스템이 제공하는 미터급 위치정확도를 더욱 발전시켜 센티미터 위치정확도를 실시간으로 제공하면서 재밍에 더욱 강한 항법시스템을 고도화하는 계획이다.

미국의 경우, 국방부 산하 방위고등연구계획국DARPA : Defense Advanced Research Projects Agency은 블랙잭 프로그램을 통해 재밍에 강한 저궤도 위성 PNT를 연구하고 있다. 또한 미 국방부에서는 과거 NTS-1 Navigation Technology System과 NTS-2 위성 발사와 운용을 통해 현재의 GPS 체계를 개발했듯이, NTS-3 위성을 정지궤도에서 발사하여 운용하면서 재밍과 기만, 그리고 암호 체계 성능을 한 차원 높인 차세대 GPS 체계 개발 계획을 추진 중이다. 유럽도 현재 운용 중인 갈릴레오에 더해 저궤도 항법위성군을 추가함으로써 도심 빌딩 환경에서 발생하는 가시위성 감소 및 위치정확도 저하 문제를 해결하고 미터급 위치정확도를 센티미터급으로 높이는 연구를 수행하고 있다. 중국 또한 저궤도 항법위성군을 추가하여 위치정확도를 센티미터급으로 전환하는 연구를 진행하고 있다.

위에서 언급한 위성항법 선진국들의 미래 동향을 종합하면, 현재 운용 중인 수십 개의 중궤도 또는 정지궤도급 GNSS 시스템을 기반으로 수백에서 수천 개의 초소형 저궤도 위성군을 추가해 결합함으로써 현재 운용 중인 GNSS의 단점을 극복한다는 것이다.

연구에 따르면 지구와 저궤도 위성의 거리가 상대적으로 매우 가깝기 때문에 현재 GNSS에 비해 적어도 100배 이상 큰 항법 신호를 사용자가 수신할 수 있어 재밍에 매우 강할 것으로 보인다. 그리고 저궤도 위성군을 추가해 가시위성의 수가 늘어나게 된 상태에서 저궤도 위성의 높은 상대 이동 속도를 잘 이용하면 4차 산업혁명의 핵심 요소인 센티미터급 실시간 위치를 30초 이내에 사용자에게 제공할 수 있게 된다.

또한 도심 빌딩으로 인해 자주 발생하는 위치정확도 저하 문제도 상당 부분 해결될 것이다.

위성항법시스템 후발 주자 한국의 GNSS 개발 방향

위성항법시스템 개발에서 후발 주자인 우리나라는 위에서 말한 위성항법 선진국들의 미래 동향을 파악하고 연구하면서 2035년에 완성될 KPS가 어떤 방향으로 진화해 나가야 4차 또는 5차 산업혁명 시대에 PNT 국가경쟁력 우위를 점할 수 있을지를 정리하고 계획할 필요가 있다.

이를 위해서는 성급하게 선진국이 가는 길 또는 설계도만을 맹목적으로 따를 필요가 없다. 먼저 자체적으로 저궤도 위성 또는 그 외 추가 위성의 장점을 완벽하게 연구하고 실험 위성 발사 및 운용을 통해 철저하게 검증한 후, KPS 개발 일정과 진척도를 고려해 계획을 보완하거나 차세대 KPS 설계도를 완성하는 게 바람직할 것이다.

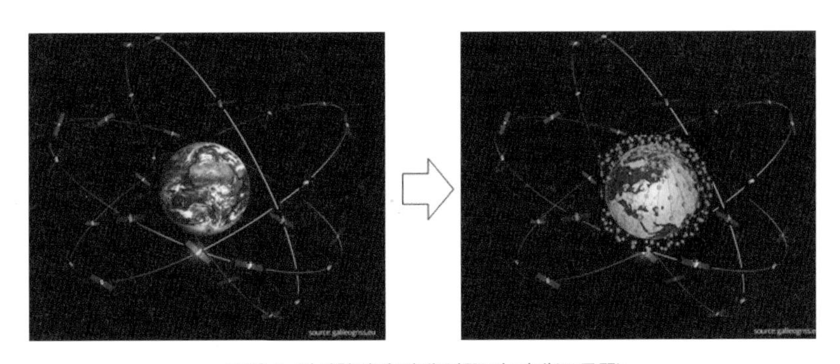

그림 3 위성항법의 현재(왼쪽)와 미래(오른쪽)

우주군 창설과 독자방어체계 구축

곽신웅
국민대학교 기계공학부 교수
한국국방기술학회 우주항공분과위원장

우주 자산의 글로벌 선진국 수준과 우리의 현실

화성 이주, 재활용 발사체, 제임스 웹James Webb 우주망원경 등 이제는 하루가 멀다 하고 우주 이벤트가 TV와 신문을 장식하고, 강대국들의 우주군 창설, 우주무기 시험 성공 뉴스도 심심치 않게 등장한다. 〈스타워즈〉에 나오던 우주전쟁은 우리 현실에서 이미 시작되어 진행되고 있다. 우주전에 대한 준비를 소홀히 한다면, 우리는 패전하고 또다시 나라를 잃는 국민이 될 것이다.

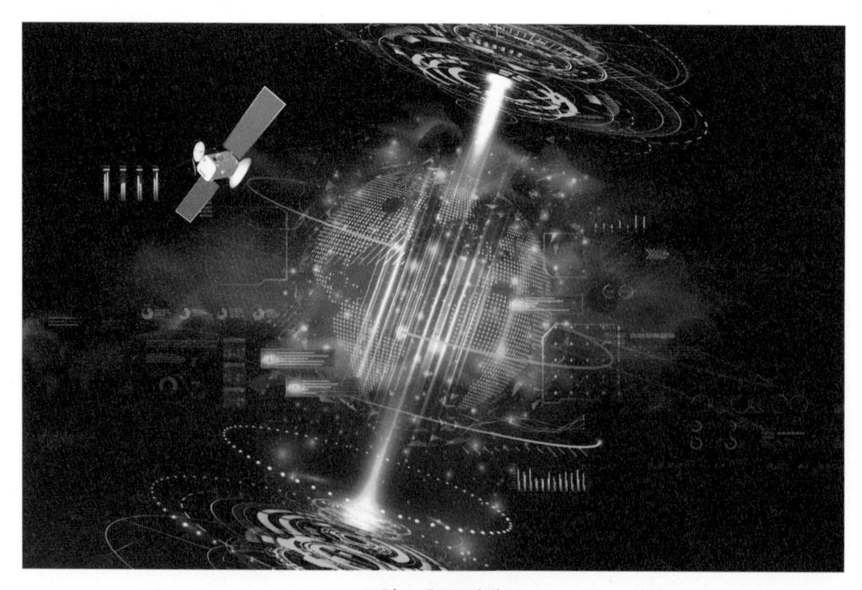

그림 1 우주 전쟁

우주 자산은 핵을 가질 수 없는 상태에서 우리가 확보해야 하는 최소한의 필수 전략 자산이다. 2020년 기준 한·중·일 위성 우주 자산을 비교해 보면 중국이 320기, 일본이 78기인 데 비해 우리는 15기다. 우리에 비해 중국이 21.3배, 일본이 5.2배로 비교가 안 되는 수준임을 알 수 있다(〈그림 2〉). 늦은 감은 있지만 한국형 GPS 사업인 KPS가 2022년도에 착수되어 그나마 다행인 상황이다(〈그림 3〉). 발사체 분야는 2022년 6월 21일 저궤도에 1.5톤을 투입할 수 있는 누리호 시험발사에 성공했으나, 초대형 발사체를 개발 중인 주변 강대국들과는 현격한 차이가 있다. 중국은 100톤을 저궤도에 투입할 수 있는 능력을 개발 중이며(〈그림 4〉), 미국에서는 스페이스X가 2024년 저궤도에 380톤 투입을 목표로 개발하고 있다. 스페이스X는 자사의 우주탐사선Star Ship을 활용해 한 시간 안에 지구 전역에 100톤의 군사 물자를 투입할 수 있

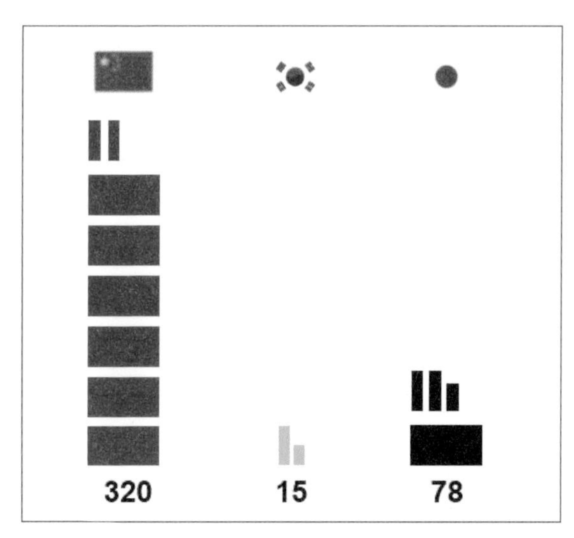

그림 2 2020년 한·중·일 중대형 위성 자산 비교(민간 포함)

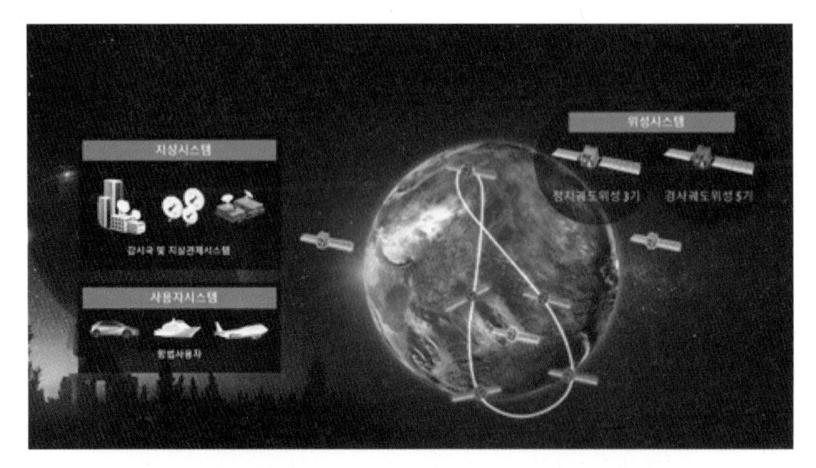

그림 3 한국형 항법위성 KPS 개발 개념도(출처 : 과학기술정보통신부)

는 기술을 미군에 제안한 바 있고, 미군은 2022년 9월 이러한 개발 계획을 승인했다.

한편 세계 최대 전자제품 전시회인 'CES 2022'에서는 시에라 스페이스Sierra Space 사의 드림 체이서Dream Chaser가 우주 분야의 혁신 기술로 눈길을 끌었는데, 이는 우주정거장이나 아르테미스 사업에 필요한 물품과 인력을 공급하는 우주 왕복선이자 우주 비행체다. 조금 더 발전하면 우주 전투기로 변모할 가능성이 높다(〈그림 5〉).

우리가 인공위성과 발사체를 힘들게 개발하고 있는 이 순간에 선진국들은 이처럼 초대형 발사체와 우주선Space Craft, 우주비행체Space Plane를 개발하고 있다. 연료 효율을 중시하는 현재의 비행 방식은 좀 더 빠른 공격과 보급을 위한 고속 우주 비행으로 발전해 나아갈 것이다.

대형 우주정거장을 보유할 계획도 없고 지구 전역을 대상으로 전쟁을 수행할 일도 없는 우리에게 초대형 발사체까지는 필요없을 수

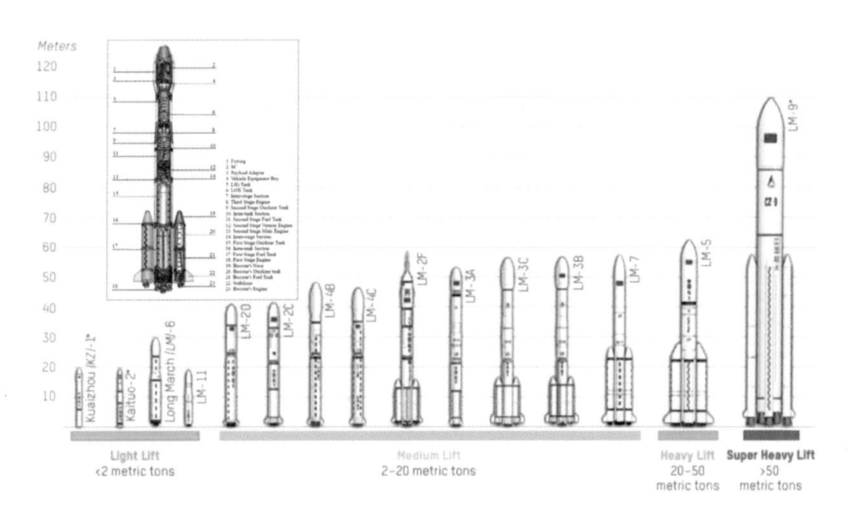

그림 4 중국의 탑재 중량별 다양한 발사체(KARI 자료 발췌)

그림 5 시에라 스페이스사의 드림 체이서

있다. 그러나 우리의 우주 자산을 우리 영토에서 우리 발사체로 원하는 궤도에 투입하기 위해서는 정지궤도에 7~8톤(대형 조기경보 위성, 소형 무인 우주정거장 등 미래 수요를 감안하여)을 투입할 수 있는 능력 개발이 필요하다. 이 정도의 능력은 2020년에 마지막으로 용도 폐기된 일본 H-IIB 로켓 수준이다. 현재 일본은 더 나아가 팔콘 헤비Falcon Heavy에 버금가는 H-III Heavy를 개발 중인데, 10톤 정도의 우주 화물을 아르테미스 달 궤도에 직접 투입할 수 있는 능력을 목표로 하고 있다.

미래 전쟁은 우주 전쟁에서 시작된다

미래 전쟁은 우주 전쟁에서 시작된다. 우리는 이라크전 등 최근의 전쟁에서 감시정찰 위성으로 적을 탐지하고 GPS 유도탄으로 타격하는 전쟁을 체감했으며, 감시정찰/지휘통제 장악 여부가 결국 전쟁의 성패를 좌우한다는 것을 목격했다.

현대전은 방공망을 무력화하고 제공권을 장악하는 것으로 전투를 시작한다. 그러나 미래 전쟁에서는 통신위성과 GPS 위성, 감시정찰 위성을 파괴하는 것으로 전쟁을 시작한다. 심지어 자국 위성이 파괴당한 사실을 인지도 못한 상태에서 전쟁이 시작되기도 한다. 위성통신은 먹통이 되어 있고 정찰위성은 아무런 반응도 하지 않는다는 것을 알았을 때는 이미 초반의 전세가 기운 상태일 것이다. 대對지상 공격용 우주 자산까지 보유한 적국과의 전쟁이라면, 탐지도 못하는 상황에서 주요 시설과 핵심 자산들이 파괴되고 나서야 재래식 무기로 대응하게 된다.

하지만 GPS 기반의 유도 체계는 우리가 사용하는 GPS 위성이 파괴된 후에는 아무 의미가 없다. 위성통신 불능으로 근거리 무선통신에 의지할 수밖에 없어 베트남전 수준으로 전쟁을 수행할 수밖에 없다. 이쯤 되면 초반에 무너진 핵심 자산들을 만회할 수도 없고 전장 전역을 대상으로 하는 전략을 시행할 수도 없다. 결국 전투에서는 우리 군의 불굴의 의지로 간혹 승리할 수는 있어도 전쟁에서는 결국 패배하고 말 것이다.

다양한 우주 무기의 등장

우주 무기로는 이미 실험에 성공한 레이저 무기나 요격미사일 등 직접적인 공격 무기와 함께 재밍jamming, 스푸핑spoofing, 해킹 등의 간접 무기가 거론되고 있다.

이미 러시아의 위성들은 프랑스의 통신위성을 근접 위협하거나 감청과 통신을 방해하는 것으로 알려져 있다. 미국과 소련은 냉전 시대부터 우주 무기를 연구해 왔고, 중국은 2000년부터 대대적인 연구를 시작하여 레이저나 탄도탄 말고도 우주 기뢰나 기생 위성 등 다양한 우주 무기 체계를 시험하고 있다. 중국의 우주정거장은 전쟁 발발 시 초기 형태의 우주 항모로 변모하게 될 것이다.

프랑스는 2021년에 우주 전쟁을 가정한 우주 전력 전개 시뮬레이션 작전을 수행하기도 했다. 미국은 폐기할 예정이던 우주정거장의 수명을 2030년까지 연장하기로 했다.

초소형 우주 자산의 위력

많은 기업들이 로밍 없이 지구 어디서라도 인터넷을 사용할 수 있는 초소형 통신위성망 구축을 추진하고 있지만, 상업적으로 성공할지는 아직 미지수다.

그런데 군사 분야에서 우주 무기 개발에 성공하기 시작하면서 전시에도 군 통신망을 유지할 수 있는 초소형 위성통신망 구축이 반드시 필요하게 되었다. 수십 기의 위성 정도는 단시간에 파괴할 수도 있지만, 수백 기 이상 수만 기의 초소형 통신위성망을 동시에 파괴할 수는 없기 때문이다.

스페이스X는 최대 4만 2,000기의 위성으로 촘촘하게 지구 전체를 감싸는 독자적인 스타링크Starlink 계획을 추진하고 있다. 스타링크는 상업적으로 실패하더라도 미군이라는 든든한 뒷배를 가지고 있다. 미군은 이미 독자적으로 통신과 정찰을 결합한 중규모의 초소형 통신정찰 위성망인 블랙잭Black Jack 사업을 추진하고 있으나, 필요 시 스타링크와 언제라도 연계되는 형태일 것으로 추정된다.

영국의 위성사업자 원웹OneWeb은 초기 계획 대비 과도한 비용 지출로 파산 상태까지 갔다가 영국 정부의 투자로 다시 생존 경쟁을 벌이고 있고, 2021년에는 우리나라 방산기업인 한화시스템의 투자도 유치했다. 한편 중국의 GW도 1만 3,000기로 구성되는 저궤도 위성통신망 계획을 발표하기도 했다.

우리도 전쟁 초기의 궤멸을 막으려면 정지궤도 통신위성 이외에 초소형 저궤도 통신위성망이 절대적으로 필요하다. 미군의 블랙잭 계획

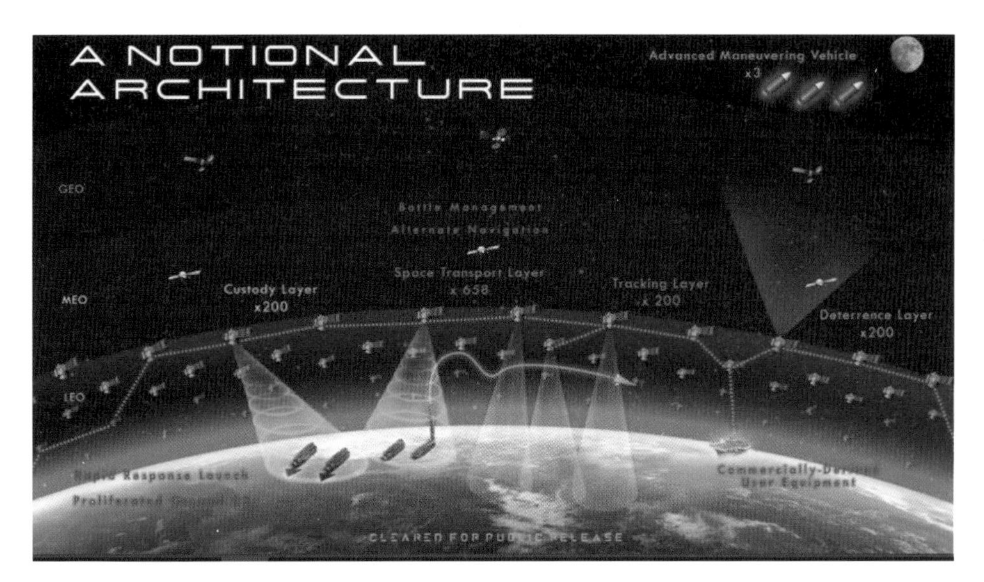

그림 6 미군의 블랙잭(Black Jack) 개념도

처럼 다수의 초소형 정찰위성(광학·적외선·레이더) 프로그램도 초소형 저궤도 통신위성망과 연계하여 추진할 필요가 있다(〈그림 6〉).

다행히 현재 초소형 EO 위성망 사업이 진행 중이고 다른 사업들도 계획되고 있긴 하지만, 좀 더 빨리 서둘러야 한다. 이와 함께 수백 기 이상의 초소형 위성망을 단시간에 무력화하는 관제소 파괴나 장악, 그리고 관제 시스템 해킹에 대한 대비도 필요하다.

(초)소형 군집 위성으로 실시간 감시·정찰 가능

(초)소형 군집 위성이 등장하면서 비교적 저렴한 비용의 위성 몇 기만으로 재방문 주기 15분 이내의 준 실시간으로 전장을 감시할 수 있는 시대가 도래했다. 24시간마다 한반도와 주변 관심 지역 전역의 위성 영상 정보를 갱신할 수 있게 된 것이다. 여기에 조기 경보기, 특정 지역의 항공 및 드론 영상, 전투 현장의 영상 등을 유기적으로 연결하면 〈그림 7〉과 같은 형태로 전역과 특정 지역, 전투 현장의 영상을 실시간으로 확인하면서 전쟁과 전투를 지휘할 수 있다.

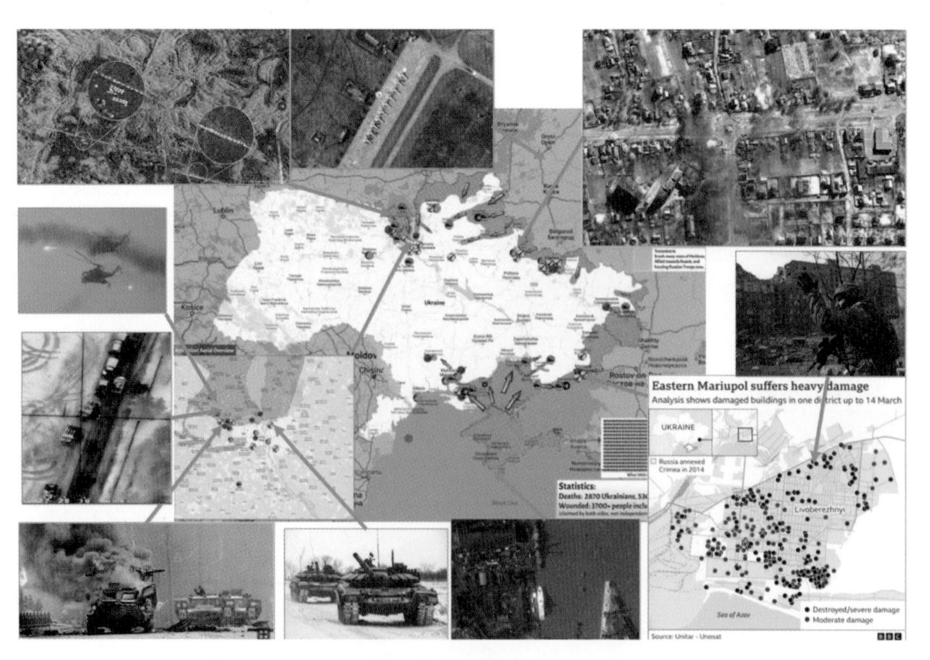

그림 7 실시간 전역 전황도 및 지역 전황도(상세 현장 사진 & 동영상)

위성이나 항공 영상을 수동으로 판정하고 30분 내에 결심하는 형태의 전쟁 수행 방식은 이미 과거의 기술이 되었다. 이제는 위성 및 항공, 드론, 전투원의 캠 등에서 쏟아지는 엄청난 물량의 영상 정보를 처리할 수 있는 능력을 가진 군사강국과 경쟁해야 하는 미래 우주 시대로 접어든 것이다. 스타크래프트StarCraft나 여타의 실시간 전략 시뮬레이션 게임에서나 보던 실시간 확인과 실시간 대응이 필요한 전쟁 시대에 접어들었다.

저궤도 관측 및 통신 복합위성체계 중심의 군 지휘통신체계

우리는 최근 우크라이나 전쟁을 통해 실시간 전장 환경에 대응하는 실시간 지휘통제와 군수 보급의 필요성과 중요성을 다시 한 번 확인할 수 있게 되었다.

전시에는 지상통신망이 붕괴된다고 보아야 한다. 위성통신망은 절대적이지만 다양한 우주 무기 체계의 등장으로 몇 기의 정지궤도 위성으로 이루어지는 현재의 아나시스 위성통신 체계도 작동을 장담할 수 없다. 이 때문에 미국·유럽·중국 등은 일찍부터 저궤도 군 위성통신체계 구축을 추진 중이다.

(초)소형 군집 저궤도 관측 및 통신 위성들이 연결된 저궤도 (초)소형 복합위성 체계가 구축되는 시점이 오면, 위성 영상을 포함한 실시간 감시정찰 체계에 부대별·장비별·병사별 태그Tag와 지휘통제체계가 연결되는 초연결이 가능할 뿐만 아니라, 부대 위치도와 병사들의 상태,

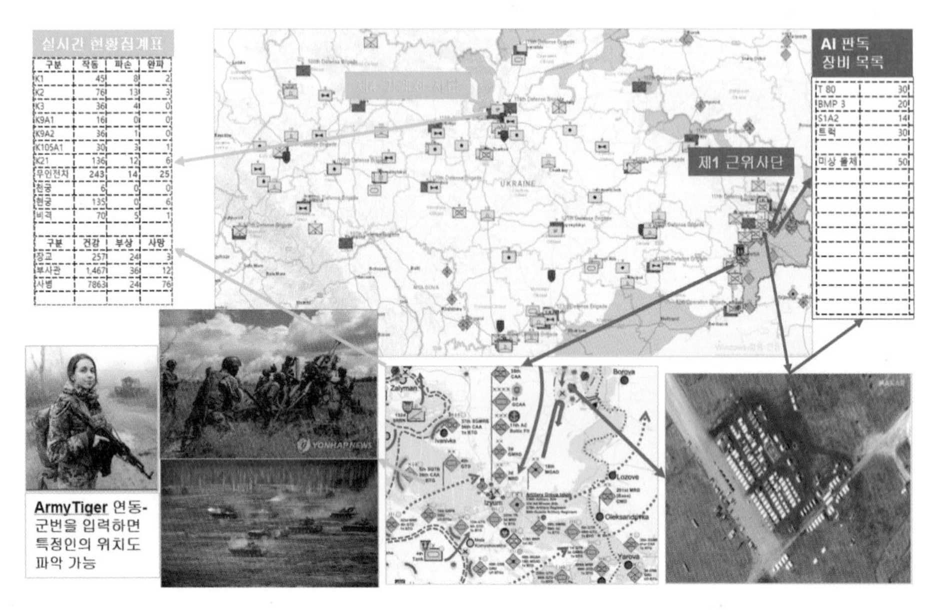

그림 8 24시간 갱신되는 준 실시간 전장 현황도와 부대 배치(AI 활용 분석 자료)

장비별 무장 상태 등도 실시간으로 확인할 수 있다. 우리 군의 정보는 자동으로 나타날 것이고, 적국의 정보는 여타의 취득 정보로부터 획득 혹은 추정이 가능할 것이다.

또한 특정 지점을 클릭하면 상세 부대 위치와 지역 상세 전황도, 위성 영상이나 다양한 형태의 영상 정보를 확인할 수 있어 즉각적인 대응도 가능하다(〈그림 8〉).

우주 자산 방어 위한 구조물의 대형화

초소형 위성으로 다 구성하면 어떤 우주 무기로도 완벽하게 제압할 수 없게 되므로 모든 문제가 해결된다고 쉽게 생각하면 안 된다. 초소형 위성은 크기와 중량의 한계로 성능의 한계가 있고, 우주 무기를 충분히 탑재할 수도 없으며, 예상 평균 수명도 3년으로 짧기 때문이다. 초소형 위성으로 GPS를 구성하는 기술도 거론되지만 역시 정밀도 관점에서 지금의 정지 및 경사 궤도로 구성된 GPS를 완전히 대체하기는 힘들다. 게다가 아직 개념 정립 단계라 당장 채용하기도 어렵다. 북한의 탄도탄을 포착할 수 있는 유력한 방법 중 하나인 적외선 기반의 조기경보 위성도 24시간 전역 정밀 감시를 위해서는 대형의 광역 고해상도 적외선 정지궤도 위성을 사용할 수밖에 없다.

기본적으로 위성이나 우주선 같은 우주 자산은 중량과 비용 문제로 인해 총알 한 방에도 파괴될 정도로 매우 취약하다. 태양 전지판이 파괴되거나 안테나가 고장나도 기능을 상실하게 된다.

따라서 취약한 우주 자산을 방어할 수 있는 수단을 강구해야 하는데, 다행히 공격형 우주 무기로 거론되는 대표적인 무기들도 각각의 한계가 있다. 레이저 등의 고에너지 무기의 경우 파괴 에너지 도달 시간이 필요하고, 유도탄이나 근접 공격 우주 무기가 접근해 오는 경우 사전 파악이 가능해 기존의 화학추력기로 고속 회피기동을 하여 위험에서 벗어날 수 있다. 또한 경호Body Guard 위성을 배치하는 방법도 있고, 우주 자산을 스텔스화하는 기술도 개발 중이다. 한편 태양전지는 너무나 쉽게 파괴될 수 있으므로 장시간 사용이 가능한 원자력 연료 전지와 병행하여 사용하는 편이 합리적이다. 현재의 광학 기반 우주 물체 감시 체계는 이미 알고 있는 위성을 대상으로 하는 것이라 미상의 우주 물체를 감시하기에는 한계가 있는 만큼 앞으로 레이더 우주 감시 체계도 신속히 도입해야 할 것이다.

효율적인 우주 방어 체계 구축 필요

잠재적 적국이 우리 우주 자산을 함부로 하지 못하게 하려면 우리도 타국의 우주 자산을 공격할 수 있는 능력을 갖춰야 한다. 기본적으로 우주 자산은 매우 비싼 편이다. 일반적으로 한 개의 유인 우주 함대를 구성하려면 현재 미 해군 모든 함대의 건조 및 유지 비용과 맞먹는 비용이 들어갈 것으로 추정된다. 따라서 우리 경제 규모와 필요에 맞게 한국형 우주 방어 체계 전체를 체계적이고 효율적으로 구축해야 한다.

우주군 창설 시급

우주 전쟁은 이미 시작되었다. 우주 자산을 보호하는 능력을 개발하고, 우리 경제력이 감당할 수 있는 효율적인 독자 우주 방어 체계를 서둘러 구축해야 한다. 전쟁이 발발했을 때 잠재적 적국의 우주 자산을 단시간에 무력화할 수 있는 우주 방어 능력을 확보하고 있어야 한다. 누구도 절대로 침범할 수 없는 강한 국방력을 유지하면서 주변 4대 강국이 이미 보유하고 있는 우주군을 조속히 창설해야 주변국과의 평화를 지키고 우리 국가와 국민의 생존을 보장할 수 있다. 국가의 역할은 국민의 생명과 재산 보호이다. 국가 차원에서 국방안보와 관련하여 가장 먼저 해야 할 일은 우주군 창설이다.

가성비 높은 소형 항공우주 무기

정해욱
(주)에어로솔루션즈 연구위원
한국국방기술학회 학술이사

우크라이나, 기간통신망 파괴에도 스타링크 인터넷망 활용해 선전

지난 2월 24일 러시아의 우크라이나 침공과 우크라이나의 예상 밖 선방은 대칭 전력의 효율과 통합전장관리체계C4I의 중요성과 관련하여 많은 시사점을 주고 있다.

우크라이나 국가지도부와 국민의 국가 수호에 대한 강력하고 단합된 의지가 선방의 제1요소임이 분명하지만, 침공을 몇 달 전부터 예측하고 사전 경고한 미국의 탁월한 정보 수집과 분석 등도 우크라이나 선방의 밑거름이 됐다. 우크라이나가 정보 수집을 위해 크게 의존한 것이 서방의 지구 관측 위성 상업 운용사들과 영상 가공 판매사들의 다양한

우크라이나 장병이 영국에서 지원한 차세대 대전차 공격용 화기인 NLAW를 발사하고 있다. 러시아-우크라이나 전쟁에서는 우크라이나군의 소형 고성능화한 대기갑무기와 공격용 무인기가 러시아군 주력 전차에 치명타를 가함에 따라 전차 무용론이 제기되기도 했다(출처 : 연합뉴스).

위성 영상, 그리고 우크라이나가 운용하는 무인기였다.

이는 전자·통신 분야의 비약적인 발전에 따라 마이크로 혹은 미니급 소형 위성 운용이 쉽고 신속하게 이루어지게 된 최근의 변화에 힘입은 바 크다.

얼마 전까지 대형 위성의 임무탑재체에 기반한 20~30cm급 고해상도 전자광학 적외선 영상 및 합성개구레이더SAR 영상은 미국·러시아 같은 군사강국들의 전유물이었다.

하지만 이제는 마이크로·미니위성의 정찰(관측) 임무탑재체를 통해 영상을 얻는 기술이 보편화됐다. 심지어 핀란드의 아이스아이 같은 우주 벤처기업 또는 스타트업 기업까지 출현해 가성비 높은 체계를 구축하기에 이르렀다.

우주 벤처기업들이 띄운 위성은 대형 위성에 비해 수명이 짧지만, 다수의 소형 위성을 군집 형태로 운용해 목표 지역에 대한 정찰 주기를 몇 시간 단위까지 단축할 수 있다.

중·대형 위성들은 동일 지역 상공의 재통과revisit 주기가 몇 주에 달한다. 경사 촬영을 하더라도 동일 목표 지역에 대한 정찰 주기는 매일 1~2회에 불과하고, 수동센서passive sensor를 탑재한 전자광학위성의 경우 목표 지역 기상 상태에 크게 좌우돼 사용 가능한 수준의 영상은 연간 80일 정도만 획득할 수 있다.

또한 중·대형 위성들은 태양 동기 궤도를 보편적으로 채택하기 때문에 매일 특정 시간대에 정찰할 지역을 통과한다. 따라서 정찰 표적 측이 위장 또는 기만 수법을 써서 잘못된 정보를 고의로 전달할 수도 있다. 게다가 우주전이 발생하면 쉽게 추적 및 공격당할 수도 있다.

합성개구레이더(SAR)를 탑재한 마이크로급 위성(출처 : Iceye)

반면 마이크로파 소자와 부품 기술의 비약적인 발전에 힘입어 기상 상태와 밤낮에 좌우되지 않고 정찰할 수 있는 SAR 탑재체의 소형화가 달성되면서 능동센서active sensor를 소형 위성에도 탑재해 활용할 수 있게 됐다.

미국 국방부와 공군, 영국 국방부 등은 현존하는 소형 위성 기술을 활용해 소형 정찰위성 군집을 운용하려는 중·단기 계획을 적극적으로 수립, 실행하고 있다. 총 소요 비용과 체계 존속 시간 측면에서 이러한 소형 위성 군집이 기존 중·대형 위성보다 더 유리하기 때문이다.

러시아-우크라이나 전쟁을 통해 통신망 유지가 전술 전개에 얼마나 절대적인가도 재확인할 수 있었다. 러시아가 우크라이나의 육상 기간 통신망을 파괴했음에도 우크라이나는 미국 스페이스X의 스타링크 인터넷망 서비스를 이용해 C4I를 유지함으로써 항전을 계속하고 있다.

스타링크는 지구 저궤도상에 배치된 총 2,000기의 소형 위성을 통해 초고속 위성 인터넷 서비스를 제공하고 있다. 2020년부터 미 공군은 국방 통신위성망은 물론 '공중 및 육상 통신체계의 다양성' 확보 전략 아래 고등전장관리체계Advanced Battlefield Management System에 스타링크를 활용하고 있다. 스타링크를 활용한 우크라이나의 공격에 큰 피해를 보자, 러시아는 상업 회사인 스페이스X를 상대로 스타링크 위성 파괴 등을 포함하는 우주전을 선포하기에 이르렀다.

수십 기의 통신중계기가 달린 대형 정지궤도 통신위성은 상대적으로 위성 공격 무기인 ASATAnti -SATellite전에 취약해서 공격당하면 위성 통신망 대부분이 심각한 타격을 입는다.

반면 소형 통신위성은 피격률이 상대적으로 낮고 보편적인 마이크로파 기반 통신은 물론, 우주 레이저 통신도 더 쉽게 구현할 수 있어 머지않아 본격화할 우주전에서 좋은 대비책이 될 수 있다.

튀르키예산 공격용 무인기
또 다른 차원의 대칭전력 효율성 입증

한편 우크라이나 전쟁은 베트남전·아프가니스탄 전과는 또 다른 차원의 대칭전력 효과를 검토하는 계기가 되고 있다. 1·2차 세계대전을 거치면서 거대 전함이 종말을 맞은 것처럼, 대기갑 무기체계의 소형·고성능화에 따라 주력전차MBT의 위상이 위협받고 있다. 주력전차의 장갑 보강은 동력장치·현가장치로 인한 한계를 지니며, 능동방어 또한 여전히 제한적일 것이므로 대기갑 유도무기의 발전에 따라서, 이를 운용하는 소규모 전투 조직의 비정규전 전술 발달과 더불어 더욱 취약해질 것이다. 이러한 추이를 더욱 가속화할 수 있는 것이 무인기임을 우크라이나 전쟁에서 확인할 수 있었다.

대공 사격 훈련 목적으로 1927년 영국 해군이 활용하기 시작한 무인기는 1951년 라이언 BQM-34 제트표적기를 거치면서 그 기반기술이 확립되며 마침내 감시정찰 및 공격용 무인기의 전성기를 맞게 되었다.

무인기는 전투 인력 손실이 없다는 장점이 있지만, 문제는 비용과 효율성이다. 시간이 흐를수록 무인기 획득 비용이 치솟고 있기 때문이다. 기체와 지상국 등을 포함한 미국의 무인기 MQ-1 프레데터Predator 체계의 획득 비용은 기체의 경우, 현재 한 대당 무려 70억 원에 달한다. 공격용 MQ-9 리퍼Reaper의 경우는 한 대당 500억 원에 가까운 고가 무기다. MQ-9은 최대이륙중량MTOW이 약 5톤에 달하며, 무장 시 항속시간이 14시간 이상, 항속거리가 3,800km로 국지전보다 글로벌전 개념에 맞는 무인기다.

국지전에서는 항속 시간과 거리가 짧고, 최대이륙중량이 적어도 감시정찰 및 대지공격, 항공근접지원CAS에 적합한 가성비 높은 공격용 무인기가 더 효과적이다. 광역 감시정찰과 비가시선BVR : Beyond Visual Range 교전을 우선하는 공군·해군과 달리, 지상 근접전 시 지형·지물로 인한 시야 제한을 극복하고, 포 및 지상전용 정밀유도무기의 사정거리 증가 추세에 따라서 다른 개념의 비가시선BLOS : Beyond Line of Sight 전술 발전이 요구되는데, 비가시선 표적에 대한 협역 감시정찰 및 포격 유도 혹은 자폭 공격에 무인기가 가장 적합하다.

자체 방어 체계가 없고 속도가 느려 방공 레이더에 피탐되기 쉬운 소·중형 무인기의 전술적 가치가 낮다는 것이 일반적 통념이었으나, 우

바이락타르 TB2 무인기(출처 : Baykar Makina Sanayi ve Ticaret A.Ş.)

크라이나전에서 이들의 활약은 군사 전문가들의 평가를 뛰어넘었다.

우크라이나 전쟁을 통해 주목받고 있는 공격용 무인기가 2014년 튀르키예군이 전력화한 튀르키예 바이칼Baykar 사의 고정익 무인기 바이락타르Bayraktar TB2다.

바이락타르 TB2는 최대이륙중량 630kg, 임무장비 및 무장중량 150kg에 4기의 레이저 유도 스마트 소형 활공탄Smart Micro Munition MAM(중량 22kg/탄) 혹은 4기의 레이저 유도 UMTAS 대전차 미사일(중량 37kg/탄) 혹은 이들 혼합 조합을 장착할 수 있다.

바이칼사 설립자이자 항공우주공학자인 바이락타르가 자체 설계하고 개발·양산한 순수 튀르키예산으로, 보통 4대의 무인기와 지상국 1세트로 이뤄지는 기본 구성의 획득 총비용은 MQ-9의 10분의 1에 지나지 않는다. 우크라이나전에서 러시아의 기갑 무기체계를 무력화해 주목받으면서 카타르·사우디를 비롯한 인접 국가들의 발주와 기술 이전에 의한 수출 문의가 폭주 중이다.

이 같은 성공의 바탕은 국지 전술에 적합한 기획, 설계를 포함한 원천기술력, 기체를 포함한 소형 감시정찰 임무탑재 장비 등 제반 소요 부품의 국산화 달성도 중요하지만, 무엇보다 무인기에 탑재할 소형 유도무기의 국산화와 탑재무장관리체계 개발력 덕분이다. 국지전에 적합한 공격용 무인기는 소구경 무기(SDW : Small Diameter Weapon, 직경 6인치 또는 150mm 이하의 무기체계 분류 정의)를 장착해야 한다.

초기 예상과 달리 장기전 양상을 보이는 우크라이나전에서 러시아가 고전하는 이유 중 하나가 드론 전력이 우크라이나에 비해 약하고, 전장에서의 다양한 드론 전술 능력이 부재하기 때문이라는 글로벌 군사전문가들의 견해가 많다.

장시간 임무 수행에 적합한 소형 엔진 개발 필요

주변국들을 포함한 주요 군사강국들의 드론 핵심 요소품 관련 원천기술 확보 및 개발·생산 능력 증대와 그에 힘입은 드론 전략·전술의 발전은 우리나라에도 큰 잠재적 위협 요소다.

우리나라도 국지전 공격용 무인기를 설계부터 양산까지 할 수 있는 능력, 소형 감시정찰 임무탑재 장비 개발 능력과 SDW 개발 능력이 있다. 현재 우리 군이 무인기에 많은 관심을 보이고 투자를 하고 있으나, 대부분 전기모터 동력에 집중되면서 국내 업체들의 무인기 체계 원천 설계 능력 및 요소품의 국산화율은 매우 낮은 편이다. 순수 전기 동력은 실제 전장 환경에 적합하지 않으며, 유지·보수비가 엔진에 비해 월등히 높아 기술이 성숙하려면 수십 년은 더 걸릴 전망이다.

우크라이나 전쟁에서 사용된 무인기용 소구경 무기 : (왼쪽) 바이락타르 TB2에 장착된 MAM 스마트 소형 활공탄(출처 : Baykar Makina Sanayi ve Ticaret A.Ş) (오른쪽) 우크라이나 R18 드론과 투하탄(출처 : Aerorozvidka)

따라서 장시간 임무 수행에 적합하고 더 높은 신뢰성을 갖는 소형 엔진 개발이 절실히 필요하다. 유·무인기는 물론 SDW, 극초음속 무기 체계 등에서 동력장치(추진기관)가 핵심인데, 특히 소형 전자분사EFI 왕복동 엔진과 소형 가스터빈 엔진에 대한 관심과 개발·양산이 이뤄져야 할 것이다.

드론 기반 SAR 시스템

이우경
한국항공대학교
항공전자정보공학부 교수
한국국방기술학회 학술이사

SAR(합성개구레이더)로 **전천후 영상** 확보

최근 발생한 러시아와의 분쟁에서 우크라이나는 상대적으로 전력이 열세임에도 불구하고 효과적인 대응 전술로 저항하는 모습을 보여주고 있다. 저가의 소형 무인기가 이동하는 적을 추적하고 파괴하는 전술을 수행하는 등 상호 공방전이 치열하다. 이러한 전술은 적에 대한 지속적인 정밀 관측에 의존하는데, 최근 우크라이나 국방부는 야간 동향 관측을 위한 SAR 영상을 확보하기 위해 한국을 포함한 여러 나라에 공개적으로 해당 정보를 요구한 바 있다.

SAR Synthetic Aperture Radar는 '합성개구레이더'라고도 불리며, 표적에서 반사된 전자파 신호를 분석하여 기상 조건과 상관없이 주야간 영상 정보를 획득할 수 있다. 카메라를 사용하는 광학 영상에 비해 해상도가 낮아 정밀 표적 식별에 불리하다는 단점이 있었으나, 최근 급속한 기술 발전에 힘입어 소형 위성에서도 서브미터급 고해상도 영상을 확보하게 됨으로써 광학 영상을 보완 또는 대체할 수 있는 정찰 기능을 수행하고 있다. 특히 어두운 밤이나 비구름 등으로 인해 시야 확보가 어려운 상황에서도 상시 정찰이 가능하여 실시간 정보가 절실한 현대전에서 전략적 우위를 점하는 데 매우 큰 영향력을 발휘한다.

우크라이나에서 활약하고 있는 공격용 무인기도 야간 임무 수행을 위해서는 SAR 영상 정보에 의존할 수밖에 없다. 언론에서 흔히 보는 광학 영상과 달리 SAR 영상이 잘 공개되지 않는 이유도 대부분 안보 목적으로 통제되고 있기 때문이다.

기존 SAR는 인공위성이나 항공기 등의 대형 시스템에만 적용되었으나 최근 고효율 소자 기술의 발전으로 소형 무인기나 드론에도 탑재할 수 있게 되었다. 해외에서는 경량의 상업용 초소형 SAR가 출시되고 있으며, 미국을 비롯한 여러 나라에서 전략적 무기체계로 투자하고 있다.

최근 소형 드론이 공격용 무기를 장착하거나 테러에 이용되는 사례가 늘면서 군사적 목적으로 활용할 수 있는 드론 탑재형 SAR 시스템이 눈길을 끌고 있다. 드론 SAR 시스템은 작고 가벼워 개인 병사 휴대가 가능하며, 산악 지형이나 건물 주변 등에 대한 정찰 활동을 지원할 수 있다. 특히 전자파 투과 특성을 활용해 건물 내부 영상을 확보하거나, 지뢰와 같은 고위험 지하 매설물 탐지 작전에 투입될 수 있어 큰 관심을 받고 있다.

이러한 개념은 고도의 전자전으로 발전하는 4차산업 시대의 흐름에 부합되는 작전 수행에 적용할 수 있다. 기존 항공기/위성 SAR 시스템이 사단급 이상의 작전 수행을 지원한다면 초소형 드론 SAR 시스템은 소규모 분대 단위의 작전 수행에 필요한 정보를 독립적으로 확보할 수 있는 자원이 된다. 그중에서도 지뢰와 같은 지하 매설물 탐지 분야는 최근 큰 관심을 받고 있다.

그중에서도 EDD Explosive Detection Drone라고 불리는 지뢰 탐지 드론은 넓은 관측 영역에서 안전한 지뢰 탐지라는 임무를 신속하게 수행할 수 있는 대안으로 떠오르고 있다. 현재 전 세계적으로 지뢰가 7천만

개 정도 설치되어 있는 것으로 추정되는데, 해마다 60개 이상의 국가에서 4천 명이 넘는 생명이 지뢰로 목숨을 잃고 있다. 그중 90%는 민간인인 것으로 알려지고 있다.

사막 같은 평지에서는 작전이 용이하지만 산악 지형이 많고 도로의 장애물이 많을수록 효율성이 낮아지므로 원격으로 탐지하는 NDT Non-destructive Testing, 비파괴 검사 영상 탐지 기술이 선호된다. 사람이나 트럭에 탑재된 GPR Ground Penetrating Radar, 지표 투과 레이더 기술은 가장 잘 알려져 있는 대표적 지뢰 탐사 방식이지만, 사고 위험이 있고 속도가 느려 효율성이 낮다. 특히 광대역 전자파 신호는 토양 성분이나 지

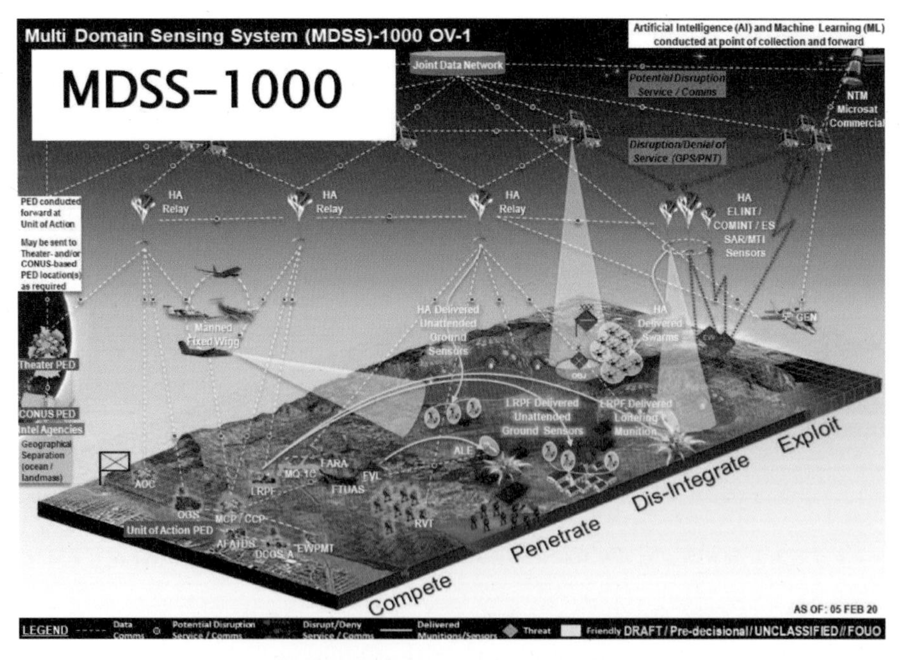

그림 1 드론 기반의 다중 정찰 자산을 이용한 종합관제 시스템

형 조건에 따라 민감하게 반응하므로 정밀한 신호 처리 알고리즘을 이용한 후처리가 요구된다. 이에 따라 매설물 탐지 시간이 더욱 늘어나 넓은 영역에 대한 신속한 작전 수행이 어렵다.

최근 GPR 시스템과 SAR 영상 기술을 혼합한 탑재체를 드론에 장착해 안전성과 신속성을 동시에 확보할 수 있는 기술 연구가 높은 관심을 받고 있다. 2018년 스페인의 오비에도 대학에서는 상업용 드론과 GPR 탑재체를 사용해 지뢰탐지용 SAR 영상을 확보하는 연구를 수행했다. 일반적으로 대인용 지뢰는 크기가 작아 탐지하기가 어려운데, 2019년 독일의 울름Ulm 대학에서는 드론 SAR 시스템을 이용해 대인용 지뢰인 PFM-1을 탐지하는 시연을 보였다. 레이더 출력의 한계로 고도는 3m로 제한되었으나, 옅은 지표층에 묻혀 있는 지뢰 탐지 가능성을 보였다.

이러한 매설물 탐지를 위해서는 5GHz 이하의 초광대역 신호를 사용하는 것이 유리한데, 최근 UWB 광대역 소자 기술의 발전으로 초소형 초광대역 레이더 신호를 획득하는 것이 용이해졌다.

드론 관련 군수산업 급성장

드론과 연관된 군수산업은 2019년 이미 3억 5,000만 달러를 넘어섰으며, 향후 2027년까지 연평균 34%씩 급성장할 것으로 예상되고 있다. 개인이 휴대할 수 있을 정도로 경량화된 드론 SAR 시스템은 지뢰 탐지나 표적·대인정찰 등에 신속하게 적용되어 기동성이 요구되는 작전 수행에 기여할 것이다. 튀르키예에서는 2019년부터 '송가르Songar'라는 공격형 드론을 운용하고 있는데, 이와 같은 공격용 드론의 야간작전 수행에서 SAR 탑재체의 정밀 관측 정보를 제공하는 역할을 수행할 수 있다. 또한 해안이나 산악 지형에서 침투하는 적을 정찰하는 데도 유용할 것이다. 이에 따라 미국·독일·프랑스·영국에서는 정찰 및 공격 목적의 고성능 군용 드론 개발에 큰 관심을 보이고 있다.

위성이나 항공기는 일정한 고도 및 속도가 유지될 수 있으나, 로터Rotor를 이용하는 초소형 드론은 바람에 의한 공기 저항과 로터의 회전에 의한 진동에 취약하여 SAR 영상의 품질을 떨어뜨린다. 또한 레이더

그림 2 지뢰 탐지 및 건물 투과용 영상 레이더 정찰 드론 부대의 작전 수행도
(출처 : DARPA Squad X-program)

시스템은 전력 소모가 큰 반면, 드론은 배터리 용량이 제한되어 운용 시간에 제약이 따른다. 이러한 문제점을 해결하기 위해 최근의 군용 드론은 전기 배터리를 하이브리드 엔진으로 대체하고 있다.

또 GPR용 초광대역 신호 데이터를 신속하게 처리하기 위해서는 신호처리 용량이 늘어나는 문제가 해결되어야 하는데, 이를 위해 압축센싱 기법이나 GPU 기반의 실시간 하드웨어 가속화 연구가 진행되고 있다.

미국 국방성에서는 2019년 지뢰 탐지용 드론 SAR 시스템에 대한 연구 과제를 공모하는 방식으로 해당 기술에 투자하고 있다. 미국의 미래 전투 운용 시나리오에 포함되는 X-스쿼드squad 작전에서는 소대 단위의 관측 시스템 운용이 필수적이다. 지상의 센서가 표적을 인식하면 드론에서 비디오 영상 정보를 획득해 실시간 전송하는데, 야간작전에서나 지하 매설물 관측 및 건물 내부의 적을 포착하는 등의 임무를 수행할 때 레이더 영상을 생성하는 드론 SAR 시스템이 활용될 수 있을 것이다.

특히 초소형 드론 기반 시스템은 저비용으로 제작할 수 있어 군집 드론 운용 체계에 적용할 수 있다. 해외에서는 5kg 이하의 소형 SAR 시스템이 개발되어 운용 중이며, 지뢰 탐지나 정찰 목적으로 연구가 활발하게 진행되고 있다. 최근 이슈가 되고 있는 우크라이나-러시아 접경 지역에서도 드론 기반의 정찰 및 재밍 등이 광범위하게 적용되고 있다. 우크라이나에서 운용하는 PD-2 시스템은 수직 이착륙이 가능하며, 광학·적외선 센서 말고도 SAR 관측 장비를 운용해 24시간 표적물을 탐지한 정보를 200km 작전 반경에서 실시간 전송할 수 있다.

그림 3 튀르키에가 공개한 무인기 'MILSAR'

러시아-우크라이나 분쟁을 통해 실시간 정찰 정보의 중요성이 더욱 절실하게 강조되면서 관련 투자가 증가하고 있다. 미국의 노스롭 그루먼Northrop Grumman 사는 최근 RQ-4D Phonenix 무인기에 고성능 레이더를 장착해 나토NATO에 납품하는 계약을 체결했다. 한편 드론 기술 개발에 앞장서고 있는 튀르키예는 MILSAR라는 무인기를 통해 수상 지뢰를 탐지하는 기술을 공개했다.

SAR 기술 발전으로 동영상 제작도 가능

최근의 SAR 기술은 광학에서만 가능하다고 알려졌던 동영상 제작까지 할 수 있을 정도로 급속히 발전하고 있다. 공중에서 수행되는 지상 공격 중에는 표적이 화염이나 연기에 가려져 연속적인 임무 수행에 지장이 발생하곤 한다. 이를 해결하기 위해 미 국방성에서는 전투 상황에서도 지속적으로 표적을 관측하기 위해 항공기 탑재체를 이용해 235GHz 대역의 비디오 SAR 영상을 생성하는 기술을 구현하는 데 성공했다. 실시간 영상 생성과 대용량 통신 링크가 결합될 경우, 비디오 SAR 영상을 통해 지속적으로 표적을 관측하면서 야간이나 화염에 휩싸인 전투 현장에서도 큰 효과를 얻을 수 있을 것이다. 이러한 기술은 우주로도 확장되어 2020년 유럽의 아이스아이ICEYE라는 소형 위성은 고해상도의 광역 비디오 SAR를 시연해 세계를 깜짝 놀라게 했다. 이처럼 무인기 기반의 SAR 정찰 감시 영역은 초소형 드론이나 위성 영역으로 확장되고 있다.

기존의 SAR 시스템은 고비용으로 개발 기간이 길고 관심 지역에 대한 재방문 주기가 길어 임무를 수행하는 데 큰 제약이 있었다. 반면

그림 4 독일 프라운호퍼(Fraunhofer)의 비디오 SAR 실험 영상

드론 기반의 SAR 정찰 시스템은 신속한 제작 및 운용이 가능하고, 군집 형태로 적시적소에 실시간 정찰 감시 정보를 제공함으로써 기존 SAR 감시 운용 체계를 보완하는 임무를 수행할 수 있다. 향후 국내 SAR 정찰 자산이 우주 영역으로 확장될 것으로 기대되는 가운데, 지상의 항공 및 드론과 결합된 군집 감시망을 구축할 경우 지상 표적 식별, 해안선 감시, 지하 매설물, 지뢰 탐지 등의 정찰 기능을 크게 강화할 수 있을 것이다.

러시아-우크라이나 분쟁은 아날로그적 전장의 개념이 사이버 영역과 정보전, 그리고 전자전의 영역으로 전환되었음을 시사한다. 이에 대응하여 미국은 합동전영역지휘통제JADC2 : Joint All Domain Command and Control 전략을 내세우고 있다. 이를 통해 모든 정찰 자산을 수집한 후 인공지능이 최적의 대응 전략을 실시간으로 제시하는 것을 목표로 하

그림 5 지하 매설물 탐지 드론

는데, 그중에는 1,000기 이상의 군집 드론을 동시에 운용하는 개념이 포함되어 있다.

미래에는 지상과 우주에 펼쳐진 정찰 감시망이 유기적으로 연결되고, 수집된 방대한 정보에서 인공지능이 최적의 대응 작전을 수립하는 것이 보편화될 것이다. 앞으로 국내에서 추진되는 지상·항공·우주 감시 자산들도 상호 유기적 결합을 통해 최적의 대응 체계로 통합될 수 있도록 현명한 전략이 마련되어야 할 것이다.

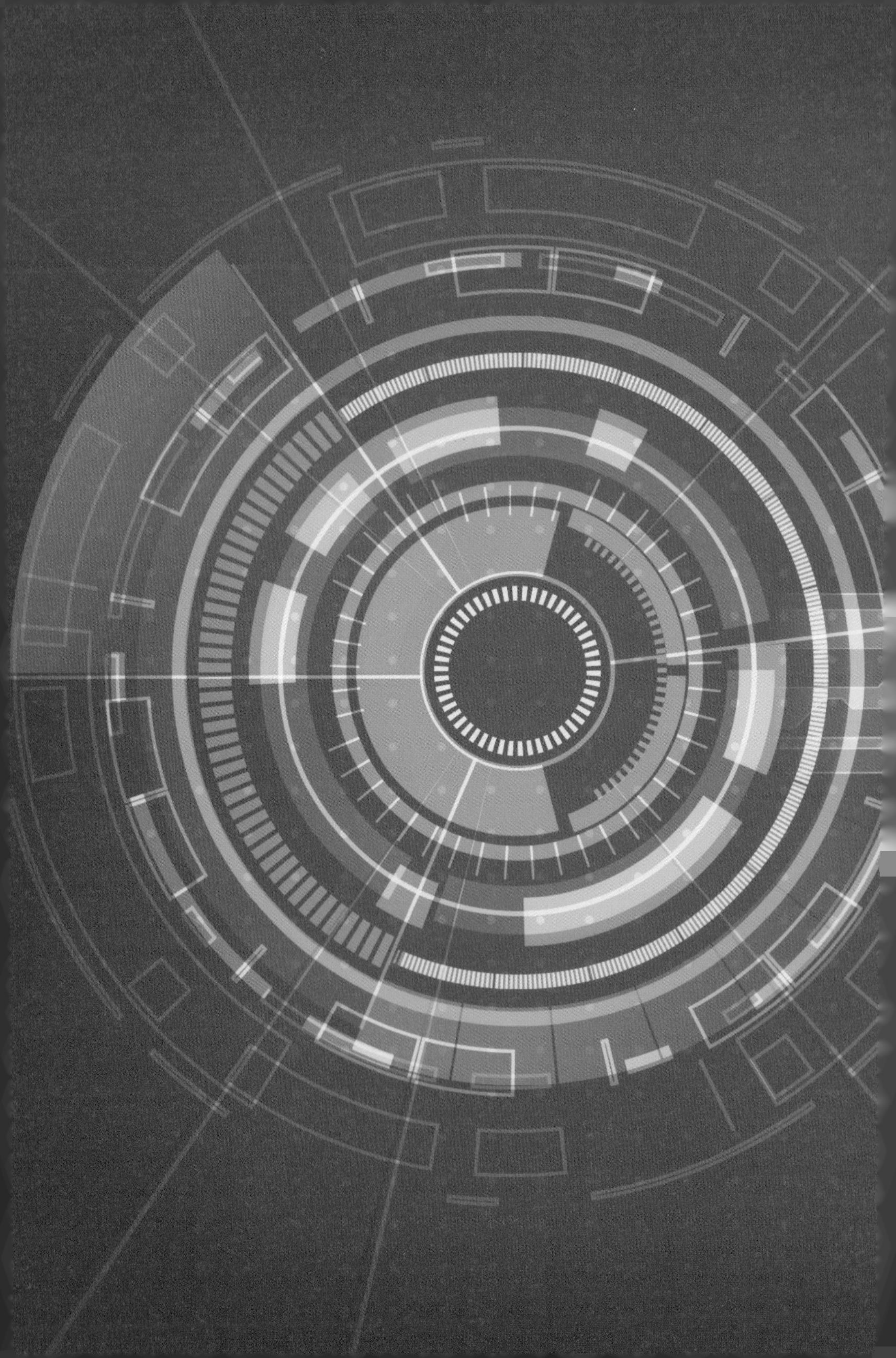

2

4차 산업혁명 전략기술과 국방 II : 소재·부품

반도체 산업과 국가안보 이슈

박진성
한양대학교 신소재공학부 교수
한국국방기술학회 학술이사

코로나 팬데믹으로
반도체 중요성 실감

'산업의 쌀'로 불리는 반도체半導體·Semiconductor는 단어에서 알 수 있듯이 일반적으로 전기가 잘 통하는 도체導體·Conductor와 통하지 않는 절연체絶緣體·Insulator의 중간적 성질을 나타내는 물질을 말한다.

반도체에 다양한 에너지(열·빛·전압 등)를 적절하게 가하면 전기의 흐름을 증가 또는 감소시킬 수 있는데, 이를 제어해 전기전도도Conductivity, 도체에 흐르는 전류의 크기 값을 변화시킴으로써 전류의 흐름을 제어할 수 있다. 실리콘Si이 대표적인 반도체 물질로 사용되고 있다.

흔히 반도체는 '메모리 반도체'와 '비메모리 반도체'로 구분한다. 메모리 반도체는 정보를 저장·기억하는 소자(DRAM, 낸드플래시 등)이고, 비메모리 반도체는 연산과 추론 등 정보를 처리하는 소자(컴퓨터의 CPU 등)이다.

2020년 기준 비메모리 반도체 산업의 전 세계 시장 규모는 3,400억 달러로 메모리 반도체 시장 규모인 1,246억 달러 대비 3배 정도 크다. 이 중 종합반도체 회사인 인텔의 점유율이 23%, 파운드리(반도체 생산전문) 업체인 TSMC가 13%, 팹리스(시스템 반도체 설계·개발) 업체인 퀄컴이 7%를 차지하고 있다. 우리에게 친숙한 삼성전자의 비메모리 반도체 사업 점유율은 4%(2019년 기준)에 불과하다. 글로벌 시장점유율이 40%

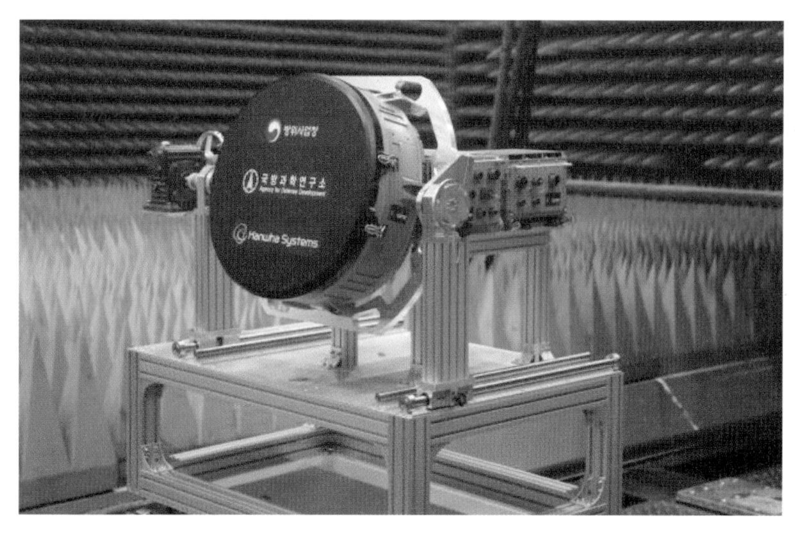

2020년 8월 열린 KF-X 탑재용 AESA 레이더 시제 출고식에서 공개된 AESA 레이더 시제품 (출처 : 국방일보 양동욱 기자)

를 넘어서는 메모리 반도체 산업과는 상반된 수치다.

코로나 팬데믹은 세계인이 반도체의 중요성을 실감하는 계기가 됐다. 온라인으로 수업과 회의를 진행하고, 반도체 기반 디지털 기기를 활용해 다양한 소통과 교류가 이뤄졌기 때문이다. 이는 4차 산업혁명의 기술 발전이 매우 빠르게 우리 삶에 파고들고 있음을 알리는 신호탄이 되었다.

인공지능, 로봇, 자율주행차, 드론 등 4차 산업혁명의 핵심 기술들은 정보를 제어하고 처리하는 시스템 반도체가 핵심인 만큼 시스템 반도체의 중요성은 갈수록 커지고 있다.

이와 동시에 코로나 팬데믹은 글로벌 분업화의 약점을 드러내는 중요한 사건이 됐다. 반도체 산업의 분업은 미국의 설계·개발, 중국·

러시아 등의 원자재 공급, 유럽·일본 등의 부품과 장비, 한국·대만의 첨단 제조, 그리고 동남아시아의 반도체 후공정이 글로벌 가치사슬 GVC : Global Value Chain을 이루고 있다.

이렇게 완성된 제품이 다시 미국·유럽·중국 등 세계 시장으로 공급되어 디지털 혁명에 활용되는데, 팬데믹 상황은 이 가치사슬을 훼손했다. 코로나19 확진자 발생으로 다수의 세계 공장이 일시 폐업하거나 생산량을 줄이면서 글로벌 가치사슬의 약한 고리가 끊어진 것이다.

대표적인 사례로 현재도 진행 중인 차량용 반도체 공급 문제를 들 수 있다. 차량용 시스템 반도체에는 차량 전장시스템 전반을 제어하는 마이크로컨트롤러유닛MCU, 차량 내·외부의 환경적 특성을 감지하고 디지털 신호로 전환하는 센서, 차량의 구동 제어에 필요한 고전류 제어를 위한 드라이버 IC, 그리고 발전 장치에서 직류 전원을 공급하기 위한 파워 IC 등이 있다.

그런데 시스템 반도체 공급이 줄면서 소비자가 차량 주문 후 1년 이상을 기다리거나 생산된 차량에서 일부 옵션이 빠진 채 판매되는 현상이 이어지고 있다. 대내외 상황을 보면 이런 생산 차질은 되풀이될 전망이다. 특히 전기자동차 시장이 빠르게 커지고 자율주행차 시대가 다가오면서 반도체 등의 공급망은 변화의 기로에 설 전망이다.

전기차 선두업체 테슬라의 경우, 초기에는 자율주행 반도체칩 설계를 독일 인피니온에 위탁하고 하드웨어는 엔비디아 제품을 활용했지만 2017년부터는 자체 설계로 전환했다.

애플도 그간 인텔 CPU와 AMD의 그래픽카드를 사용했으나 M1칩을 자체 개발, 애플의 모든 제품에 적용하는 등 유사한 변화를 보이고 있다. 시스템 반도체 활용 분야의 다양화를 넘어 자체 설계와 외주 생산 형태로 분업화가 진행되는 것이다.

반도체 기술 적극 활용 국방력 첨단화와 연계

이러한 반도체 산업의 변화 움직임은 조 바이든 미국 행정부의 반도체 공급망의 전략적 안정성 확보를 위한 전폭적인 투자 지원에서도 감지할 수 있다. 미국은 반도체 위탁생산 기지(파운드리)를 자국에 건설하도록 유도하고 있다. 이에 대만의 TSMC는 120억 달러(약 14조 원)를 투자해 미국에 새 공장을 짓고, 삼성전자도 170억 달러(약 20조 원)를 투자하기로 결정했다.

미국은 자국 내 반도체 제조 역량을 강화하기 위해 한국을 비롯한 동맹국들과 협력하면서 반도체 패권에 대한 영향력을 강화하는 한편, 중국을 견제하고 있다.

최근 바이든 행정부가 한국·일본·대만에 '칩4 동맹'을 제안한 배경도 반도체 공급망 안정과 경제안보 주도권이 밀접하게 연결돼 있기 때문이다. '칩4 동맹'은 반도체 산업의 경제동맹을 넘어 국가안보와도 밀접하게 연계되어 있다. 반도체 제조와 관련된 전 세계 핵심 생산기지들이 대만·한국·일본·싱가포르 등에 집중돼 있는데, 한국과 대만은 북한·중국·러시아 등 강력한 국방력을 가진 국가들과 인접해 있기 때문이다.

미·중 패권 내 반도체 산업과 기술은 경제를 넘어 국가안보라는 신동맹 체제를 구성하고 있으며, 반도체 방패Silicon-Shield라는 국방·안보 연대의 개념으로 이야기되고 있다. 이는 앞으로 다가올 안보의 핵심이 첨단 전투기, 미사일 등을 넘어 첨단 반도체칩 생산 기술임을 암시하고 있다. 한국의 반도체 산업은 동맹 내에서 매우 중요한 위치를 차지하고 있는 만큼 메모리 분야의 경쟁력을 확고히 하면서 비메모리 산업 투자와 내실도 꾀해야 한다.

우리는 국가안보를 위해 우리나라 반도체 기술을 적극적으로 활용하는 것은 물론, 국방력 첨단화와 적극적으로 연계할 필요가 있다. 1991년 일어난 걸프전은 첨단 무기 전시장이었지만, 한편으론 반도체 기술의 중요성을 일깨워 준 사례이기도 했다. 이라크의 스커드 미사일을 요격한 미군의 패트리어트 미사일과 목표물을 스스로 찾아 정확하게 타격하는 토마호크 순항미사일을 움직이는 핵심 부품인 갈륨비소 반도체는 당시 일본만 공급할 수 있었다. 미국이 일본 반도체에 대해 엄청난 두려움을 가졌던 사실을 기억해야 한다.

반도체 기술이 발전하고 세분화함에 따라 국방 무기체계는 한층 첨단화·고도화하고 있다. 특히 국방 첨단 부품을 위한 국산화의 중요성은 더욱 커지고 있다. KF-X 사업에서는 능동전자주사식위상배열AESA: Active Electronically Scanned Array 레이더 기술 이전이 어려워지자, 국내에서 자체 개발에 오랜 시간을 들인 끝에 마침내 시제 생산에 성공했다.

또 정부는 질화갈륨 기반의 전력 증폭기 집적회로 플랫폼 구축을 통해 한국형 전투기 레이더 등에 쓰이는 부품의 국산화를 추진하기로 했다. 민간의 기술력이 자주국방의 핵심 기술부터 진행되는 좋은 사례라고 생각한다.

이제 국가별 반도체 기술 역량은 세계적 관심사가 됐으며, 경제산업 발전을 넘어 이미 군사안보에까지 큰 영향을 주고 있다. 반도체 제조 능력과 기술 발전이 새로운 전쟁 형태와 무기 개발로 이어져 온 만큼 민·군 협력 기반의 기술 발전 로드맵을 세우고, 상호 반도체 기술에 대한 이해도를 높여 갈수록 미래의 국가 안위는 더 튼튼해질 것이다.

군수용 디스플레이 개발 방향과 전망

주병권

고려대학교 전기전자공학부 교수
한국국방기술학회 학술이사

OLED 분야는 이미 독보적 수준
폼 팩터 진화로 군수 등 응용 가능

군에 적용할 수 있는 디스플레이 기술에는 어떤 것들이 있을까? 먼저 우리나라 디스플레이 산업을 살펴보기로 하자. 잘 알다시피, 현재 우리 디스플레이는 반도체와 함께 세계 최고의 기술을 확보한 선두 주자이자, 효자 산업이다. 반도체는 미국의 인텔 등과 선두를 다투고 있지만, 디스플레이는 단연 세계 1등이다. 여기에서 1등, 혹은 선두란 말은 기술과 생산량, 그리고 수익 모두에서의 최고를 의미한다.

조금 더 세부적으로 들어가면 반도체의 경우, 양대 산맥 중에서 메모리 분야는 확실한 세계 1등이지만 시스템 반도체 분야는 아직 미국 회사들에 못 미쳐 추격 중이다.

디스플레이의 양대 산맥은 액정 디스플레이LCD: Liquid Crystal Display와 유기 발광 다이오드OLED : Organic Light Emitting Diode이다. 1~2년 전까지만 하더라도 우리나라가 둘 다 세계 1위였는데, 얼마 전부터 LCD 분야는 중국에 1위 자리를 내주고 말았다. 지금은 OLED 분야에서 확실한 선두를 유지하고 있다. 다행인 것은 LCD는 이미 성숙한 기술인 반면, OLED는 아직 성장하고 있는 기술, 즉 좀 더 미래의 디스플레이 기술이라는 점이다. 그래서 우리나라는 OLED 기술 개발에 최선을 다하고 있다.

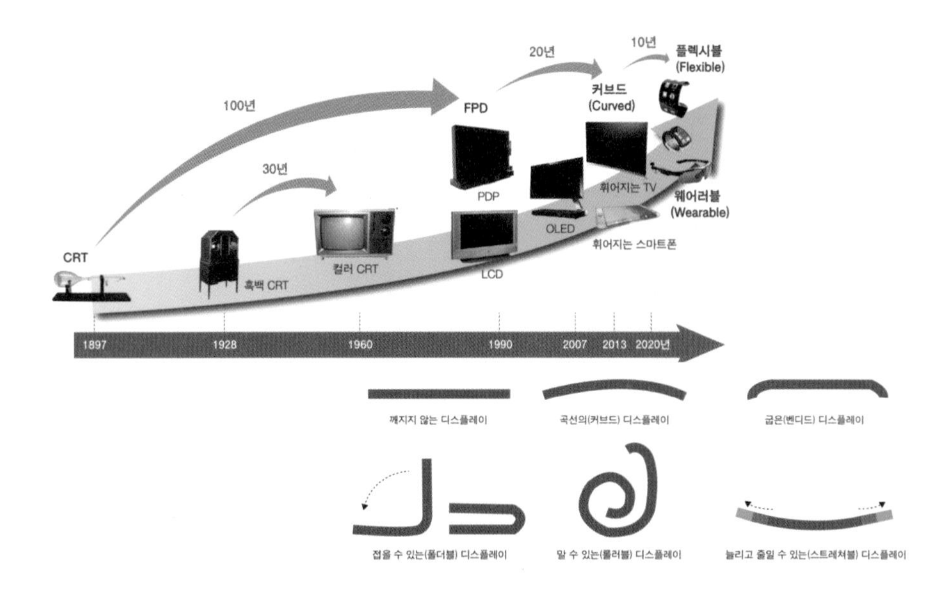

그림 1 디스플레이의 폼 팩터 변천(출처 : 『디스플레이 이야기』 1·2권)

하지만 기술은 언젠가는 포화 상태에 이르며, 기술이 더 발전하더라도 소비자가 크게 인식하지 못하는 한계에 도달하게 마련이다. 이 시점부터는 가격과 생산, 소비 물량의 싸움이다. 디스플레이의 최대 경쟁국인 중국의 경우, 인건비와 원자재 가격에서 우리나라보다 유리하고, 또 거대한 인구로 인해 내수시장이 큰 만큼 분명 위협적이다. 즉, 기술이나 제품 수준이 같다면 우리나라가 질 수밖에 없는 안타까운 구도인 것이다. 그래서 우리는 선도자로서 항상 다음에 갈 길, 추격자를 따돌릴 수 있는 길을 찾고 있지만 그리 만만치 않다. 그 길은 기술로만 결정되지 않고 가격, 소비자의 욕구, 그리고 해당 국가의 지원 등이 변수로 작용하기 때문이다. 즉, 기술과 성능은 언젠가 한계·포화 상태에 이르므로 지금처럼 선두일 때 선두만의 전략이 필요하다.

그중 하나가 폼 팩터form factor, 즉 디스플레이의 모양과 생김새를 진화시키는 것이다. 더 얇고 가벼운 것은 물론, 휠 수 있고flexible, 접을 수 있으며foldable, 말 수 있는rollable 디스플레이를 만드는 것이다. 그래야만 새로운 응용 분야를 열어 갈 수 있다.

디스플레이가 생긴 이래 지금까지는 디스플레이의 3대 시장, 즉 휴대폰, 모니터, TV가 시장을 이끌어 왔다. 폼 팩터를 다양하게 진화

그림 2 군수용 디스플레이의 예 : HMD, HUD, 가상현실 모의훈련 등(출처 : 국방일보)

시키면 응용 분야는 확대될 수 있다. 예를 들어 예술 표현용 디스플레이, 의료 및 로봇 수술용, 웨어러블, 가상 및 증강 현실용VR/AR, 스마트 윈도 및 자동차용 디스플레이, 신개념 조명, 디지털 사이니지(표지판처럼 특정 정보를 전달하기 위해 만든 시각적 구조물), 그리고 높은 내환경성을 갖춘 아웃도어용 디스플레이 등이 그것이다. 이 가운데 하나가 바로 군이 사용하는 디스플레이, 즉 군수용 디스플레이다.

군수용 디스플레이 시장 규모 점점 확대

군수용 디스플레이란 군인들이 모의훈련 또는 작전 시 활용하거나 무인 정찰, 정보 감시, 지휘를 위해 기지나 차량 등에 설치하는 디스플레이를 말한다. 군 장비 기술 현대화가 전 세계적으로 확장되는 만큼 군용 디스플레이 시장 규모는 점점 확대되어 2020년부터 2027년까지 7.4%가 넘는 성장률을 보일 것으로 기대하고 있다.

군수용 디스플레이의 용도를 살펴보면, 먼저 병사 개개인이 사용하는 기기들을 생각할 수 있다. 즉, 주변 상황을 인지 또는 감시하고, 정보를 받고 보내며, 장비들을 제어하는 목적의 기기들이다. 어느 경우든 휘거나 말고 접을 수 있는 디스플레이가 간편하고 전투력을 향상시킬 수 있다.

이는 현재, 또는 앞으로 3년 이내에 완성될 플라스틱 기반의 유연 OLED 기술로 가능하다. 전차나 전투기 조종사들은 헬멧 부착형HMD: Helmet Mounted Display이나 헤드업 디스플레이HUD: Head-Up Display가 필요할 것이다. 이 경우에도 공간이나 인체 곡면에 잘 적응할 수 있는 유연 OLED 기술과 함께, 어지러움을 막고 선명한 영상을 보여줄 수 있는 높은 해상도와 고화질의 디스플레이가 필요하다. 현재 OLED 기술은 수천 ppi pixel per inch급 분해능(사진에서 미세한 상을 재현할 수 있는 렌즈의 능력)과, 자연색을 대부분 커버할 수 있는 색의 범위, 그리고 현실과 별 차이가 없는 영상을 구현할 수 있을 정도로 발전했다.

이러한 기술들은 개인 또는 여럿이 함께 보는 상황판이나 모니터 등에 충분히 적용 가능하며, 설치 장소도 주변의 밝기, 또는 실내와 실외, 악천후 환경에서도 모두 적용 가능한 디스플레이를 만들어 가고 있다. 즉, 개인 병사의 휴대성·간편성, 조종사들의 편리함과 정보 제공 능력, 그리고 공공 장소나 실외에서의 가독성·내구성 등을 충분히 만족시키고 있다. 아울러 낮은 전력 소모로 장시간 작동할 수 있는 디스플레이 기기의 기술적 기반도 이미 마련되어 있다.

전투기 조종사를 위한 HMD는 주간에도 뚜렷한 영상을 보여주기 위해 5,000니트 이상의 높은 밝기를 요구하는데, OLED는 자발광하는 다층의 유기 박막으로 구성되어 있기 때문에 투명하면서도 휘어지고 늘어날 수 있는 다양한 플라스틱 기판에 적용할 수 있어 이러한 웨어러블 디스플레이에 가장 적합하다.

기존 LCD형 HMD에서는 조종 계기판에서 새어 나오는 빛들이 반사되어 시야가 흐려지는 야광green glow 명암비 저하라는 단점이 있다. 이는 신형 전투기로 갈수록 조종판이 커지면서 큰 이슈로 떠오르고 있는데, 특히 HUD를 없애고 HMD의 시현 정보만을 활용하는 F-35 전투기에서는 조종사의 시야를 방해하는 치명적 단점을 갖고 있다. 미국

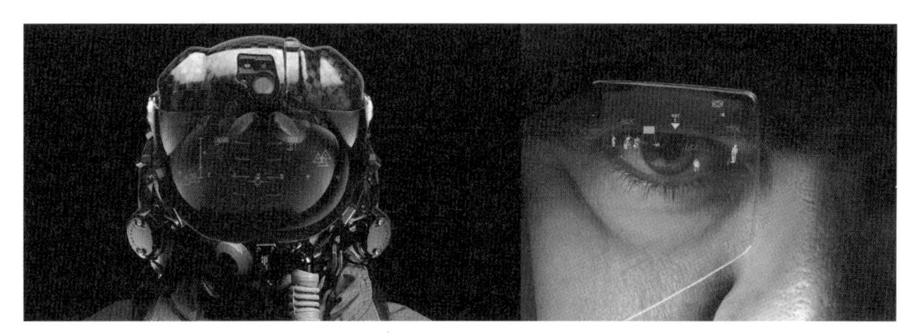

그림 3 전투기 조종사와 육군을 위한 HMD(출처 : Collins Aerospace)

의 록히드 마틴 사는 이 문제를 해결하기 위해 3세대 HMD부터 OLED로 전환하는 방안을 발표하고 현재 시험 단계를 거치고 있다.

그 밖에도 많은 국내외 기업이 꾸준히 다양한 군수용 디스플레이를 개발, 출시하고 있다. ㈜한국항공우주산업KAI은 '서울 국제 항공우주·방위산업 전시회ADEX'를 통해 가상현실 교육훈련 항공기 시뮬레이터를 포함해 4차산업 기술을 접목한, 다양한 미래지향적 디스플레이 활용 기술을 적극 공개하고 있다. 2022년 2월 '2022 드론쇼 코리아'에서는 무인 전투기 및 군단 무인기와 VR 장비, 메타버스 기반의 가상훈련 등을 대중에게 공개해 미래형 항공 기체 개발 방향을 선보이기도 했다.

미 육군과 더불어 공군 교육사령부는 2019년부터 증강현실AR/가상현실VR 기술을 활용한 고글 및 HMD 디스플레이와 360도 카메라 등을 통해 예산을 절감하고 안전사고를 예방하는 시스템을 도입했다.

작전을 수행할 때 사용하는 모니터 계기판과 전투용 컴퓨터 등은 프로펠러 또는 모터에 의한 진동이나 폭발로 인한 충격 같은 가혹한 환경을 견딜 수 있어야 한다. 국내의 유비트론 사는 1,400대 1의 명암비

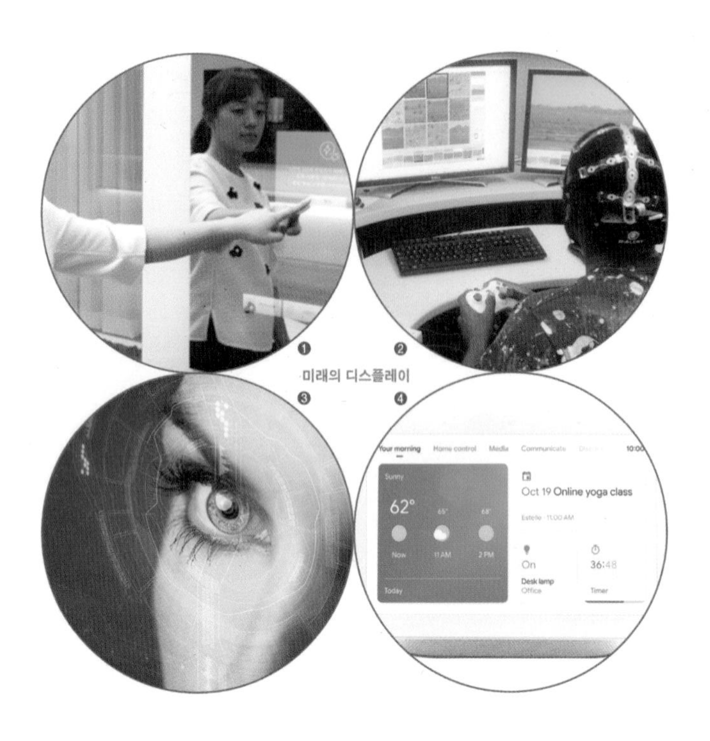

그림 4 한국이 선도할 현재, 그리고 미래의 디스플레이(출처 : 『디스플레이 이야기』 1권)

와 63℃에서도 보관이 가능한 15kg 이하의 20인치 군수용 모니터를 출시했고, 노르웨이의 하틀란드 사는 격리 마운트를 이용해 충격 및 방진 설계를 적용한 24인치형 4K 화질의 모니터를 출시했다.

한편 콜린스 에어로스페이스Collins Aerospace 사는 광 도파로wave-guide를 적용한 투명한 폴리카보네이트 렌즈에 디스플레이를 적용하여 상황 인식을 용이하게 하는 HMD를 개발하여 눈길을 끌었다. 또한 이를 활용해 신형 F-35 전투기 조종사들이 31만 7,000시간 동안 운용 가능한 혼합현실MR 기술 헬멧을 선보였다. 이 헬멧은 주간에도 정보를 명확히 전달하기 위해 매우 높은 휘도와 명암비를 만족하는 동시에 무게를 줄이기 위해 OLED를 적용했고, 2022년 양산을 목표로 개발에 박차를 가하고 있다.

물론, 현재의 디스플레이 기술이 군수용으로 완전히 적합하지 않을 수도 있다. 이제부터는 기술보다 교류와 협력의 문제라고 볼 수 있다. 즉, 기술은 준비되었고 추가 기술 확보도 충분히 가능하다. 군수용 디스플레이에 대한 논의가 시작되고, 연습이나 훈련 현장 요건, 군사 작전이나 전장에서 요구되는 스펙이 제시된다면 개발자들은 기술 개발 로드맵을 만들어 갈 것이다. 기술이 완성되기까지 시간이 오래 걸리지는 않을 것이다.

지금도 모바일 기기부터 초대형 TV에 이르기까지 디스플레이에 대한 소비자들의 만족도는 매우 높다. 적용 현장이 바뀌더라도 이에 대응하는 기술은 충분하다. 그리고 우리 디스플레이 기술은 부동의 세계 1위로 LCD를 지나 OLED를 넘고, 나아가 양자점 디스플레이 QLED : Quantum-dot Light Emitting Diode와 마이크로 LED에 이르기까지 선두를 지켜 갈 것이다. 이러한 메시지가 개발자와 사용자 모두에게 유익한 동기가 되기를 바란다.

국방 전력 현대화의 필수 요소, 배터리 기술

윤경용
페루 산마틴대학교 석좌교수
한국국방기술학회 학술이사

정보통신기술 발전 속도 못 따라가는 배터리 기술

호박을 마찰시키면 종이나 먼지를 끌어당기는 현상이 나타난다는 사실은 이미 기원전 600년경 고대 그리스에서 밝혀졌다. 또 천연 자석이라 불리는 자철석이 기원전 200년경 중국에서 발견되면서 자기장이 전기적 현상과 연관되어 있다는 것이 알려졌다. 1752년 미국의 벤저민 프랭클린은 유명한 '연 실험'을 통해 번개가 전기 방전 현상이라는 것을 밝혀냈고, 이로부터 번개를 전기로 모을 수 있는 장치로 피뢰침을 발명했으며, '배터리'라는 용어를 처음 사용했다.

그러나 진정한 의미에서 최초의 배터리는 1800년 이탈리아 물리학자 볼타가 만든 볼타전지다. 묽은 황산액을 전해액으로 하여 구리와 아연을 양극과 음극으로 사용한 가장 간단한 형태의 전지였다. 전지, 즉 배터리란 이처럼 전기 에너지를 다른 형태의 에너지로 저장했다가 필요할 때 다시 전기 에너지 형태로 변환해 주는 장치를 말한다.

배터리는 한번 사용 후 다시 충전할 수 있는지에 따라 1차 전지와 2차 전지로 나눈다. 1차 전지는 충전이 불가능한 일회용 건전지를 말하고, 2차 전지는 충전이 가능한 전지를 의미한다. 최초의 2차 전지는 1859년 개발된 납축전지로, 그 역사는 상당히 오래되었다.

납축전지는 신뢰성과 경제성이 높아 지금까지도 자동차용 배터리

육군정보통신학교와 연합사단이 진행한 '연합작전 지휘통신운용 발전 토의'에서 대위 지휘참모 과정 교육생들이 한미 통신 연동 장비를 살펴보는 모습(부대 제공).

로 쓰이고 있지만, 너무 무거워 휴대용 전자기기용으로는 도저히 사용할 수 없다. 그래서 휴대용 기기를 위해 개발된 배터리가 니켈-카드뮴(니카드) 전지다. 니카드 배터리도 문제점이 없지 않았는데, 배터리를 사용하지 않아도 전기가 사라져 버리는 자가방전 현상이나 충·방전을 계속하면 충전 용량이 점점 줄어드는 '메모리 효과'가 바로 그것이다. 이러한 문제점을 보완한 니켈-수소 전지가 나왔지만 2년이 지나지 않은 1991년 리튬-이온 전지가 개발되면서 빛을 보지 못했다.

니카드 배터리가 장착되어 벽돌 크기만큼 커서 '벽돌폰'이라 불렸던 초기 휴대전화를 현재 크기로 바꿀 수 있었던 것은 리튬-이온 배터리의 공이 크다. 현재 대부분의 전자기기에는 리튬-이온이나 리튬-폴리머 배터리가 사용되고 있다. 심지어 전기자동차에도 18650, 16340

등으로 불리는 손가락 굵기 건전지 형태의 리튬-이온 전지가 7,000여 개 장착되어 동력원을 구성한다.

그러나 지난 200년간의 전기·전자 기술 역사상 가장 발전 속도가 느린 분야가 바로 배터리다. 당장 스마트폰이나 전기차의 예에서 볼 수 있듯이 다른 기술의 발전 속도를 따라가지 못하며, 오히려 전기·전자 산업의 발전을 저해하는 커다란 장애물이 되고 있다.

스마트폰이나 노트북 컴퓨터처럼 휴대성과 이동성이 뛰어나야만 하는 전자기기는 배터리 무게와 크기 그리고 정형화된 모양 때문에 디자인과 크기의 한계에 부딪히고, 전기차의 경우도 짧은 주행거리와 수명으로 엄청난 제약을 받고 있다.

리튬-이온 배터리가 정보통신기술ICT 기기의 발전 속도를 못 따라가는 이유는 단순하다. 충·방전의 핵심인 전해질을 구성하는 소재의 한계 때문이다. 효율을 단 1%라도 높이기 위해 수많은 연구가 병행되고 있지만, 완전히 새로운 소재나 혁신적인 충·방전 기술이 개발되지 않는 한 배터리 기술의 발전은 기대할 수 없다.

물론 배터리 성능을 개선하기 위한 방법으로 액체 상태인 전해질을 고체 상태로 구성한 전고체 배터리가 개발되고 있지만, 이는 획기적 방법이라기보다는 성능 개선과 안정성을 확보하는 정도에 그친다.

이론상 리튬-이온 배터리는 '메모리 효과'가 없지만 실제로는 매우 흡사한 문제가 있다. 리튬-이온 배터리도 일정 기간이 지나면 메모리 효과처럼 성능이 크게 저하된다. 배터리를 300회 이상 충·방전하면 내부 저항이 증가하면서 충전 속도는 느려지고 방전 속도는 초고속이 되는 것이다. 또 추운 날씨에 노출되면 수십 초 이내에 배터리가 바닥난다. 추위로 배터리 속 원자들의 부피가 줄기 때문이다. 애플 아이폰은 이 문제를 감추기 위해 휴대전화 성능을 느리게 했다가 들통나 곤욕을 치르기도 했다. 이로 인해 전자기기는 자체 문제보다는 배터리 문제로 기기를 바꿔야 하는 것이 오늘날의 현실이다.

국방 전력 현대화를 할 때 반드시 고려해야 하는 사항 역시 바로 배터리 기술이다. 특히 통신장비·드론을 포함한 무인항공기UAV, 야간 작전 투시경, 개인 통신 장치 등 장병들이 사용하는 장비 대부분의 에너지원으로 배터리가 필수 장치이기 때문이다. 야전에서 공격·방어에 유리한 고지를 선점하려면 무기와 장비를 휴대하고 신속히 이동해야 한다. 그런데 군용 배낭에는 여분의 군복과 탄약·수류탄·무전기·야전 침구·판초 우의 등 전투에 필요한 물건들이 가득하다. 만일 무거운 배터리가 개인 휴대품에 포함된다면 이동성이 현저하게 떨어질 수 있다.

기술이 발전할수록 군용 장비나 무기뿐만 아니라 장병 개개인을 위한 전기 에너지원 수요도 증가할 것이다. 그런데 배터리는 반드시 충전해야만 그만큼의 전기를 쓸 수 있다는 특징이 있다. 비상시 야전에서 충전을 위한 전기를 공급받는 것은 불가능에 가깝다. 그렇다고 각종 전자 장치를 작전 기간 내내 사용할 만큼 배터리를 준비하려면 그 무게나 크기가 휴대 자체를 불가능하게 만들 것이다.

걷기만 해도 발전이 되는 휴대용 발전기 검토 필요

군 현대화 추세로 군용 배터리 수요가 급증하고 있다. 지금 사용하는 군용 배터리는 대부분 1차 전지다. 재충전해 쓰는 것이 아니라 한 번 쓰고 교체하는 형식이다.

리튬 1차 전지의 폭발 사고도 전투력에 심각한 문제를 야기할 수 있다. 리튬 1차 전지를 사용하는 한 폭발 사고 위험성은 언제나 존재한다. 리튬은 전기 밀도는 높지만 물질 자체가 불안정하여 폭발 위험성이 늘 있는 만큼 탄약과 똑같이 신중하고 조심스럽게 다뤄야 한다.

리튬 1차 전지 대신 미군이 군용 배터리로 사용하고 있는 금속공기 전지로 대체하는 방안도 나왔지만, 현재의 기술 개발 수준으로 봤을 때 적절한 대체재인지 검토가 필요하다. 금속공기 전지는 아연·알루미늄·마그네슘·철 등 활성금속을 음극으로, 공기 중 산소를 양극으로 사용해 친환경적이지만 분극과 부식 문제로 유일하게 아연공기 전지만이 실용화되었다. 그러나 재충전할 때 응집과 집적화 현상에 따른 내구성 감소 및 출력 불안정으로 충·방전 사이클 수명이 매우 짧아 2차 전지로는 실용화되기 어려워 1차 전지로만 사용되는 한계가 있다.

결론적으로 군이라는 특성상 군용 에너지원으로는 배터리가 아닌 휴대용 발전기를 검토하는 것이 바람직하다. 특히 수소연료전지나 압전 발전기 같은 혁신적인 기술을 이용하는 것을 검토해야 한다. 수소연료전지는 엄밀한 의미에서 배터리가 아닌 발전기다. 수소나 메탄올이 공기와의 화학반응을 통해 전기를 생성하는 것이기 때문이다. 압전 발전기는 지속적인 압력 현상을 전기 에너지로 바꾸는 발전기다. 장병들이 그냥 걷기만 해도 발전이 되는 원리다.

수소연료전지 중에서도 군용 휴대용으로 직접메탄올연료전지DMFC 기술을 고려해 볼 수 있다. 이는 수소를 800~1,000기압으로 압축해 쓰는 고분자전해질연료전지PEMFC나 고체산화물연료전지SOFC, 용융탄산염 연료전지MCFC 등과 달리 순수한 메탄올을 원료로 쓰기 때문이다. 그래서 500㎖ 생수병 크기의 메탄올로 작전 기간 내내 전기 에너지를 사용할 수 있다. 압전 발전기는 발이 땅에 닿을 때 생기는 충격으로 발전하는 것으로, 기계 에너지를 전기 에너지로 바꾸는 현상이다. 이 발전기는 개인용 무전기나 조명, 야간 투시경 등 다양한 군용 전자 기기의 에너지원으로 사용 가능할 것이다.

군용으로 사용되는 제품은 주로 국방 규격에 맞는 성능 위주로 선정한다. 국방 규격은 군수품 조달 및 품질관리를 위한 기술 사양과 조건을 정하고 신속 획득을 추구하지만, 현재의 국방 규격 제정 및 조달 시스템은 손질할 필요가 있다. 왜냐하면 현재와 같은 고도의 정보기술 산업 발전 시대에는 군사 기술이 민간에 이전되는 스핀오프spin-off보다는 반대의 경우인 스핀온spin-on이나 민·군이 협동하여 개발에 참여하는 스핀업spin-up이 장려돼야 하기 때문이다. 시대가 바뀐 만큼 시스템도 시대에 맞게 손질할 필요가 있다.

따라서 지금까지의 군 소요에 기반을 둔 추격형 기술 개발 및 획득 시스템보다는 넓은 시각을 가진 국방 기술 연구개발 포트폴리오가 바람직하다. 또한 소요보다 예측 중심의 전략적 기술 개발 및 혁신 시스템, 그리고 그를 뒷받침할 획득 조달 시스템이 어느 때보다도 필요한 시점이다.

슈퍼 섬유와 국방 소재

한성수
영남대학교 화학공학부 교수
한국국방기술학회장

미래 첨단 무기체계 소재 원천기술의 중요성

섬유란 일정한 강도가 있으면서 가늘고 긴 것을 말하는데, 무기 재료, 유기 재료(고분자), 금속 재료 모두가 사용될 수 있다. 슈퍼 섬유는 면섬유, 폴리에스테르섬유 등과 같이 일반적인 의류용으로 사용되는 섬유에 비하여 역학적 물성(강도, 탄성률)이 매우 높은 섬유로, 구체적으로는 강도 2.2 GPa*(2.2 x 10^9 N/m^2, or 220kg$_f$/mm^2 or 20g$_f$/d) 이상과 탄성률 55GPa 이상을 동시에 만족시키는 섬유를 말한다.

국방 소재는 전략·비닉 무기체계 및 무기용 부품, 전술장비 등에 사용되는 소재로 금속·세라믹·고분자를 벌크 또는 섬유 형태로 사용하거나 이들의 복합재료로 사용되고 있다. 미래의 첨단 무기체계는 고강도화·경량화가 되는 추세로 이러한 목표를 달성하기 위한 소재 원천기술의 중요성이 부각되고 있다.

강도·탄성률이 매우 높은 슈퍼 섬유

대표적인 슈퍼 섬유로는 케블라, 초고분자량폴리에틸렌섬유UHMWPE, 자이론섬유, 탄소섬유 등이 있는데, 슈퍼 섬유 강

---

* 1GPa = 1 N/m2, = 102 kgf/mm^2

도를 다른 섬유들과 비교해 보면 다음 〈그림 1〉과 같다. 일반적인 의류용 섬유가 0.1~0.5GPa(50kgf/mm²) 정도의 강도를 가지는 데 비해, 슈퍼 섬유는 약 5배인 2.2GPa(220kgf/mm²) 이상의 강도를 갖는다. 대표적인 슈퍼 섬유인 케블라는 3, 초고분자량폴리에틸렌섬유는 4.4, 자이론섬유는 6, 탄소섬유는 7GPa 정도의 강도를 갖고 있다.

이러한 강도를 일반적인 금속 재료와 비교해 보면 얼마나 강력한 소재인지를 알 수 있다(〈표 1〉 참조). 알루미늄이나 벌크스틸 강도가 각각 0.1, 0.5GPa 안팎임을 고려할 때, 대체로 3~7GPa 안팎인 슈퍼 섬유의 강도가 매우 크다는 것을 알 수 있다. 특히 밀도를 고려하면 섬유의 밀도가 금속에 비해 매우 낮아 무게당 강도를 의미하는 비강도는 강철의 경우 0.1GPa/밀도단위, 슈퍼 섬유인 탄소섬유는 3.9GPa/밀도단위로 그 차이가 훨씬 커진다는 것을 알 수 있다.

탄성률을 보면 알루미늄이나 벌크스틸의 탄성률이 70GPa 내외인데, UHMWPE는 250GPa 정도의 이론적 탄성률을 갖고 있으며, 실제 얻을 수 있는 최대 탄성률은 200GPa 정도로 3배 정도 크다. 더구

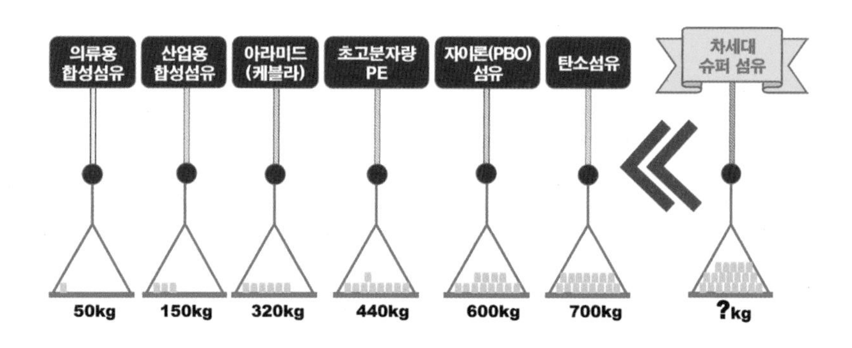

그림 1 여러 섬유의 강도 비교(단면적 1mm²의 섬유가 지탱하는 최대 무게)

표 1 여러 물질의 강도, 탄성률과 비탄성률 비교

물성 / 물질	강도 (GPa)	탄성률 (GPa)	밀도 (g/cm^3)	비강도 (GPa/밀도)	비탄성률 (GPa/밀도)
알루미늄	0.1	70	2.7	0.04	26
강철	0.4~3	200	7.87	0.1	25
케블라	3	132	1.45	2.1	91
탄소섬유(PAN계)	7	400	1.8	3.9	222
탄소섬유(pitch계)	3	960	2.2	1.4	436
PET(이론치)		108	1.4		77
PET(의류용)	0.1	15	1.4	0.07	11
UHMWPE(이론치)	6	250, 362	1	6.0	250
UHMWPE	3.8	120	1	3.8	120

나 UHMWPE의 밀도가 스틸의 1/7 정도임을 감안하면 비탄성률은 UHMWPE의 비탄성률이 스틸의 20배 정도 크다고 할 수 있다.

슈퍼 섬유의 역사

슈퍼 섬유는 1960년대 미·소 냉전 시대에 우주 개발 경쟁이 본격화하면서 개발되기 시작했다. 즉, 우주선에 사용되는 각종 부품들로 사용되기 위해서는 당시에 주로 사용되던 금속보다 우수한 강도를 가지면서도 아주 가볍고, 극고온 또는 극저온 환경에서 사용 가용한 고성능 섬유가 절실히 필요했다. 그러던 중, 1998년 일본 토요보 사가 자일론Zylon을 출시하면서 직경 570μm의 섬유에 600kg

정도의 소형 승용차를 매다는 시연을 하여 주변을 놀라게 했다. 이렇게 개발되기 시작한 슈퍼 섬유는 점차 성능은 개선되면서 가격은 저렴하게 되어 우주산업용에서 항공·자동차 등 다른 산업으로 그 용도가 확장되어 갔고, 지금은 21세기를 이끌어갈 핵심 산업용 소재로서 각광받고 있다.

주요 3대 슈퍼 섬유로는 탄소섬유, 초고분자량폴리에틸렌섬유, 아라미드섬유가 있다. 미국의 유니온카바이드Union Carbide 사는 기존의 섬유를 적절한 방법으로 태워 탄소섬유를 만드는 기술을 개발하여 1958년부터 생산하기 시작했다. 이어 일본의 토레이Toray 사가 1960년 아크릴섬유를 같은 방법으로 탄소화하여 탄소섬유를 개발했다.

미국의 듀폰Du Pont 사는 메타아라미드섬유인 노멕스Nomex를 1966년부터 시판했는데, 강도는 슈퍼 섬유에 못 미치지만 분해 온도가 400℃ 내외로 내열성이 우수해 방염복 등에 사용되고 있다. 듀폰은 1971년에는 파라아라미드섬유인 케블라Kevlar를 개발하기도 했다.

한편 유럽에서는 네덜란드의 DSM 사가 유연한 초고분자량폴리에틸렌 분자를 일렬로 배열하는 방법으로 고강도를 달성한 다이니마섬유를 개발하여 1980년 초부터 시판했다.

슈퍼 섬유의 종류

슈퍼 섬유는 〈그림 2〉와 같이 크게 유기섬유와 무기섬유로 나눌 수 있다. 유기섬유에는 액정 같은 강직사슬 고분자와 일반적인 유연한 고분자를 이용한 섬유가 있고, 무기섬유에는 탄소

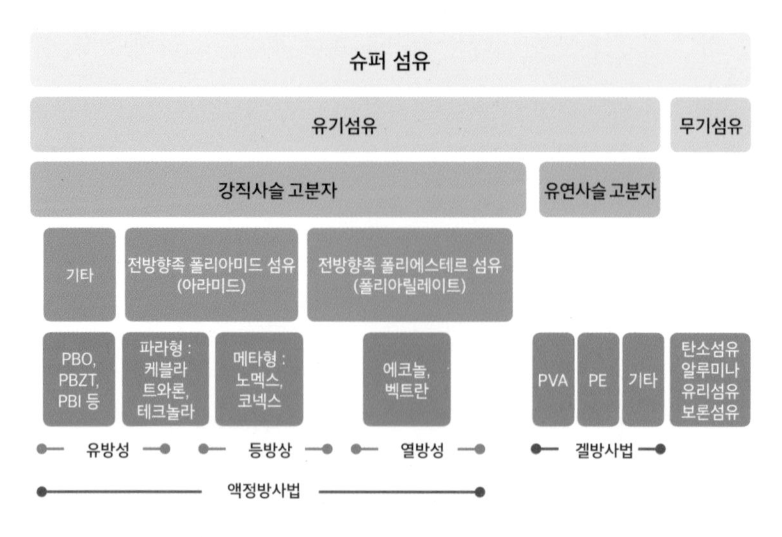

그림 2 슈퍼 섬유의 종류와 분자의 특성, 그리고 제조법

섬유, 알루미나, 유리섬유, 탄화규소섬유, 보론섬유 등이 있다. 고강도 섬유를 만드려면 고분자 사슬을 섬유축 방향으로 최대한 펼쳐야 하는데, 강직사슬 고분자는 분자사슬 자체가 뻣뻣한 구조를 가지고 있어 섬유축 방향으로의 분자 배향이 잘 되어 고강도 조건을 용이하게 달성할 수 있다. 유연사슬 고분자는 사슬 자체의 유연성으로 분자사슬을 섬유축 방향으로 잘 배향하기가 힘들다.

따라서 특별한 방법을 사용해 배향을 시키는데, 결정성이 높게 섬유를 잘 만든 뒤, 띠연신 등의 특별한 방법으로 유연한 고분자를 섬유축 방향으로 최대한 잘 펼쳐서 고배향을 달성해 고강력을 얻는 방법을 사용하고 있다. 강직사슬 고분자에는 아라미드계열(케블라, 노멕스, 트와론 등), 폴리에스테르 계열(에코놀, 벡트란), 그리고 PBO, BI 등이 있고 유연사슬 고분자에는 폴리에틸렌, PVA 등이 있다.

탄소섬유는 폴리아크릴로니트릴PAN, 레이온Rayon, 피치Pitch 등으로 만든 섬유를 일단 300~400℃의 온도에서 열처리하여 안정화시킨 후, 800~1500℃에서 탄화시켜 탄소만으로 구성된 섬유인데, 이를 다시 2,000℃ 이상에서 열처리해 흑연 섬유를 만든다. 탄소섬유는 고탄성률 탄소섬유를 Type I, 고강도 탄소섬유를 Type II로 관용적으로 구분한다(〈그림 3〉 참조). 탄소섬유는 매우 큰 강도와 탄성률을 갖고 있으나 실제 적용에서는 일반 고분자 수지(매트릭스)와 복합재료를 만들어 사용하는데, 이때 최종적으로 만들어진 재료의 강도는 섬유와 매트릭스 간의 접착 정도에 따라 강도가 결정된다. 따라서 이러한 탄소섬유의 계면 결합력을 향상시키기 위한 연구가 많이 진행되고 있다.

한편 액정 고분자에는 아라미드와 아릴레이트, 폴리벤지미다졸PBI 등이 있다. 아라미드섬유에는 케블라와 노멕스 등이 있는데, 이는 액정 고분자의 자발적인 배향성을 이용해 분자의 배향성을 크게 하여 섬유의 강도를 높인 것이다. 아라미드섬유는 강도가 2.4~3.4GPa, 탄성률이

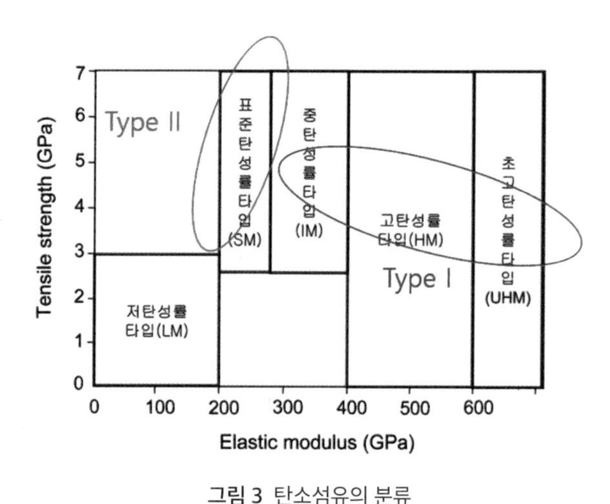

그림 3 탄소섬유의 분류

70~110GPa로 기계적 물성은 탄소섬유보다 낮으나 열적 성질이 일반 섬유에 비해 우수하고 가격 대비 강도가 적정하여 산업용 소재로 광범위하게 사용되고 있다. PBI는 1961년 아폴로 1호 사고 후 개발된 첫 방염 소재다. PBO 섬유는 유기계 섬유 중 물성이 가장 우수하나 고습도 환경이나 자외선 등에 의한 강도 저하가 문제로 제기되고 있다.

UHMWPE 섬유는 초고분자량폴리에틸렌을 용제에 녹여 방사 후, 초연신하여 유연한 폴리에틸렌 분자를 최대한으로 섬유축 방향으로 배열하여 고성능을 나타내는 섬유다. 인장강도 2.5~3.8GPa, 인장탄성률 100~190GPa이면서 매우 가벼운 섬유로, 분자 구조가 간단해 이론적 탄성률이 가장 높으며, 내마모성, 극저온 특성, 내화학성 등이 매우 우수해 방호, 군수(항공기·헬기·군함 등의 방탄재, 방탄조끼, 헬멧, 전투기 제동 낙하산, 방탄장갑, 선박의 플랫폼, 잠수정의 구조재, sonar dome), 레저 스포츠(돛), 그 밖에 각종 산업용 재료로 광범위하게 사용되고 있다. 다이니마, 스펙트라 등의 이름으로 시판되고 있다.

국내외 주요 슈퍼 섬유 시장 동향

탄소섬유는 주로 일본 기업(토레이, 토호테낙스, 미쓰비시레이온 등)이 생산하는데, 그중 토레이가 세계 시장의 40%를 차지하고 있다. 토레이는 1971년 상용화 초기에는 스포츠용품에 주로 납품하다가 2006년부터 보잉 항공기, 최근에는 미국의 우주개발 기업인 스페이스X와 고성능 탄소섬유 장기 공급 계약을 맺고 공급 중이다.

우리나라는 동양제철화학·효성·태광산업 등이 상업적 생산을 했으며, 현재 몇몇 다른 업체도 생산을 검토 중이다. 몇 년 전 일본의 수출 규제로 전략물자로 분류되는 탄소섬유의 안정적 공급이 불투명해지자, 효성은 2028년까지 1조 원을 투자해 현재 1개 라인, 연산 2,000톤인 생산 규모를 10개 라인 연산 2만 4,000톤까지 확대하기로 했다. 이를 통해 효성은 글로벌 3위권 탄소섬유 기업으로 도약할 구상을 하고 있다.

아라미드섬유에는 파라아라미드와 메타아라미드가 있다. 미국의 듀폰이 1971년 '케블라'라는 이름으로 1982년 양산에 들어갔고, 네덜란드의 악소가 생산했으며, 한국의 코오롱인더스트리가 2005년에 헤라크론, 효성이 2009년 알켁스라는 이름으로 생산하는 데 성공해 현재 방탄조끼, 방탄방패 등에 적용하고 있다. 고강력폴리에틸렌섬유는 분자량 600만 이상의 초고분자량폴리에틸렌섬유를 이용해 만든 것으로 네덜란드의 DSM 사가 1979년 세계 최초로 실용화했다. 그 뒤를 이어 일본의 토요보 사도 이 특허를 이용해 1988년부터 생산하고 있으며, 미국의 하니웰 사도 특허를 받아 생산하고 있다.

슈퍼 섬유와 국방 소재

슈퍼 섬유는 국방 소재로, 고강도 경량 구조용 소재와 고온 내열용 고분자 소재로 응용 분야를 나눌 수 있다.

고강도 경량 구조용 소재

구조용 소재는 무기체계의 골격을 이루는 재료로 무기체계의 성능을 결정하는데, 특히 기동성과 직접 연관된다. 최근 무기체계와 구조 재

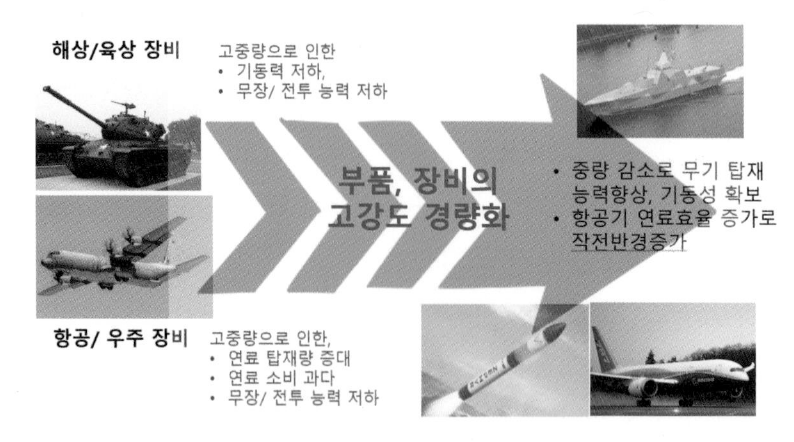

그림 4 부품 장비의 고강도 경량화 효과

료의 발달로 내구성과 안정성을 보장하고, 소재 경량화에 따른 신속한 이동성을 확보할 수 있게 되었는데, 지상·해상·공중 작전에서 작전반경을 확대하면서도 운영 경비를 줄여야 하는 요구를 동시에 받고 있다.

경량화와 고강도화는 상호 보완 개념으로 접근해야 한다. 새로운 고강도 소재를 개발해 전체 무기체계의 중량을 줄이거나, 좀 더 낮은 밀도의 경량 소재로 기존 부품을 대체해 중량을 줄이는 방법이 있다. 슈퍼 섬유 복합재료를 이용하면 이러한 두 가지 목표를 동시에 달성할 수 있다. 특히 섬유의 경우, 고분자 섬유는 밀도가 1g/cm^3 내외, 무기섬유는 밀도가 1.8g/cm^3 내외(탄소섬유, SiC섬유(3.2) 등)로 낮아서 경량화가 쉽고, 앞서 말한 몇 가지 방법으로 고강도화한 슈퍼 섬유를 만들기가 용이해 이러한 목적에 쉽게 부합한다. 〈그림 4〉는 고강도 경량 소재의 사용 효과를 나타내고 있다.

경량화와 고강도화를 적절히 조합하면 무기체계의 성능과 수명, 신뢰성을 높일 수 있고, 중량을 감소시켜 무기 탑재 능력 향상, 기동성 확보, 항공기의 작전반경 증가와 운영 경비 절감 등 다양한 이점을 얻을 수 있다. 뿐만 아니라 운용 병사의 피로도 감소 효과도 기대할 수 있다.

고온 내열용 고분자 소재

고온 내열용 소재로는 금속이나 세라믹 등이 많이 사용되나, 특수한 경우 내열 고분자 재료를 중요하게 사용하고 있다. 내열 고분자 재료는 저밀도, 낮은 가격, 높은 열충격 저항성 등의 성질을 가지고 있다. 고온 내열용 고분자 소재는 대기권 탈출이나 재진입 시 비행체의 열방호를 목적으로 자신의 구조가 변하는 자기 희생성 열차단 소재와, 그리고 로켓 추진체·방화복 같은 용도에 사용되는 본질적인 구조의 변화가 없는 형태 보존성 열차단 소재로 크게 나눌 수 있다.

내열성 고분자 소재로는 페놀수지·폴리이미드 등이 주로 사용되는데, 고분자 재료를 강화하기 위해 탄소섬유 등으로 고분자 복합재료로 만들어 내삭마성을 향상시키고 강도를 높여 기계적 물성이 우수한 부품과 시스템이 가능해질 수 있다. 이때 사용되는 섬유는 열전도도가 너무 높으면 매트릭스와 섬유의 분리 현상이 발생할 수 있어 열전도도가 낮은 섬유가 내삭마성에 유리한 것으로 알려져 있다. 이러한 측면에서 PAN계나 피치계 탄소섬유보다는 셀룰로오스계 탄소섬유가 열전도도가 낮아 고려할 만하다. 로켓 추진 기관의 노즐 소재로는 초기에 유리섬유 강화 페놀 복합재가 사용되다가 지금은 탄소섬유 강화 페놀 복합재가 주로 사용되고 있다.

주요 기업의 현황을 보면 미국의 사이텍Cytec 사와 프랑스의 사프란 에어크래프트 엔진Safran Aircraft Enigines 사 등이 로켓 추진부용 탄소섬유 강화 고분자 복합재 관련 다수의 기술을 보유하고 있다.

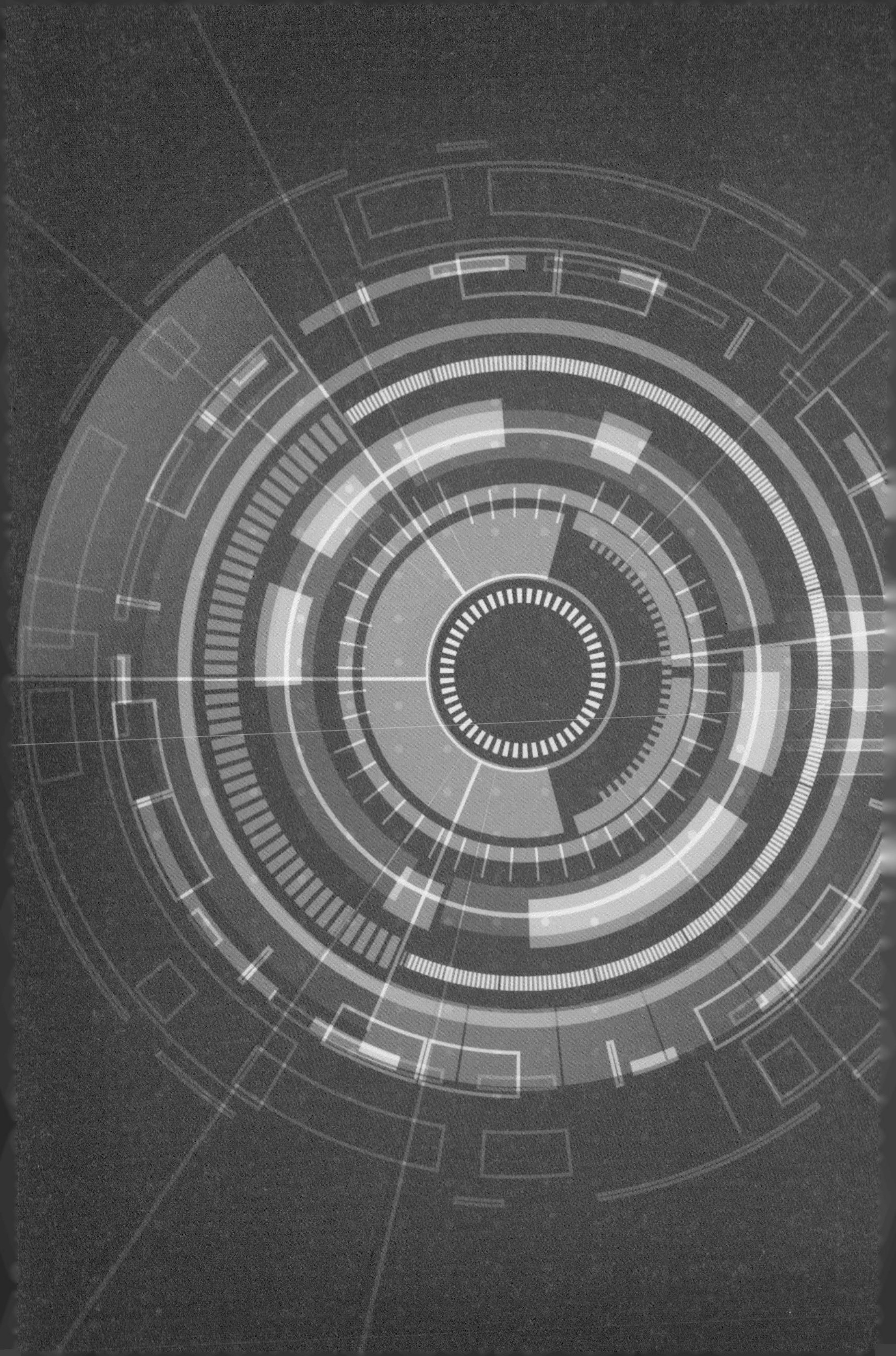

3

인공지능과 국방안보

국방 인공지능의 미래 : 의사결정지능과 인공지능 공학

이우신
광운대학교 SW융합대학 교수
한국국방기술학회 학술이사

2022 전략기술 트렌드 Top 12

글로벌 IT 자문기관인 가트너Gartner는 매년 비즈니스 트렌드를 분석하고 핵심이 되는 전략 기술을 선정하여 발표하고 있다. 2022년에도 떠오르는 전략기술 트렌드 TOP 12를 발표했다.* 이 전략기술들은 엔지니어링 신뢰Engineering Trust, 기술 구현의 변화Sculpting Change, 성장의 가속화Accelerating Growth 등 세 가지 범주에서 각각 4개씩 선정되었으며, 이 중 기술 구현의 변화에서 선정된 인공지능 관련 전략기술이 의사결정지능Decision Intelligence과 인공지능 공학AI Engineering이다.

여기에서는 왜 이 두 가지 기술이 2022년 현재 인공지능 기술 관점에서 가장 핵심이 되는 전략기술인지, 국방 분야에서 왜 중요하게 고려해야 하는지에 대해 살펴보기로 하자.

국방 인공지능과 의사결정 지원

의사결정지능은 조직의 의사결정을 개선하기 위한 접근 방식으로, 기존의 사람이 수행하던 데이터를 분석하고, 개별적

* https://www.gartner.com/en/information-technology/insights/top-technology-trends

가트너가 발표한 '2022 전략기술 트렌드 TOP 12'

또는 종합적인 의사결정을 수행하던 과정을 인공지능으로 자동화하는 것이다. 이는 결과적으로 의사결정 속도와 정확성을 개선할 수 있으며, 비용 절감으로 이어진다.

의사결정지능이 활용되는 대표적인 사업 분야는 의사결정지원 서비스와 의사결정자동화 시스템이다. 가트너는 2018년에 의사결정 지원 서비스와 의사결정자동화 시스템이 향후 글로벌 인공지능 비즈니스 가치가 가장 커질 분야로 선정했으며, 2022년경에는 전체 비즈니스 가치의 60% 이상을 차지할 것으로 예상했다.

의사결정지원 서비스는 기존에 데이터를 분류하던 사람의 업무를 인공지능을 이용해 수행함으로써 조직의 의사결정과 상호작용 프로세스를 자동화하는 것이다. 이는 기존에 수치화하거나 분류하기 어려웠던 빅데이터의 데이터 마이닝과 패턴 인식을 가능케 하고, 이를 통해 데이터에 기반한 의사결정을 지원한다. 가장 대표적인 의사결정지원 서비스로는 지원자의 서류를 분석하여 조직에서 찾는 인재들을 필터링해 주는 인공지능 면접, 관련 데이터를 분석해 매수 종목을 추천해 주는 인공지능 투자 서비스, 개인의 취향과 트렌드, 과거 이력 등을 바탕으로 구매 상품을 추천해 주는 추천 서비스 등이 있다.

의사결정자동화 시스템은 인공지능을 활용해 작업을 자동화하거나 다양한 의사결정이 포함된 비즈니스 프로세스를 최적화하는 것이다. 특히 인공지능을 이용해 기존에 활용하기 어려웠던 다양한 비정형 데이터를 활용할 수 있도록 하며, 이를 통해 조직에서 다루는 데이터의 범위를 확대할 수 있다. 또한 사람의 의사결정 과정에서 의사결정 과정을 자동화하거나, 혹은 의사결정에 필요한 방책을 추천 또는 생성함으로써 조직 운용의 효율성과 신속성을 높일 수 있다. 무인 로봇 및 자율주행을 위한 무인 차량들이 자신들에게 주어진 전략 달성을 위한 하위 임무 수립 및 동작 순서 수립을 자동화할 수도 있다.

이를 정리하면 다음과 같다. 사람은 의사결정을 위해 자신에게 주어진 정보를 분석하고 정해진 절차에 따라 결정을 내리는데, 의사결정지능은 이러한 과정에서 인공지능을 이용해 정보 분석을 대신하거나 또는 결정에 대한 조언을 할 수 있으며, 결정 과정을 자동화할 수도 있다.

이때 인공지능을 이용하면 비정형 데이터에 대한 분석 등 기존에 사람이 수행하던 것에 비해 데이터 분석 범위를 넓힐 수 있고, 또한 빅데이터 등 다루는 데이터의 양도 늘릴 수 있다. 뿐만 아니라 인공지능의 도움을 받으면 기존의 관습과 편견에 종속될 수밖에 없는 사람의 인지적 한계를 뛰어넘어 다양한 의사결정 방안을 검토하고 비교해 가장 효율적인 방안을 선택할 수 있다.

그러면 국방 인공지능 분야에서 의사결정 지원 활용 분야를 생각해 보자. 가장 대표적인 분야가 지휘통제다. 기존에는 지휘통제 시 지휘관의 의사결정은 참모들의 정보 분석, 전장 환경 분석을 통해 상황을 분석하고, 이를 바탕으로 지휘결심을 함으로써 이루어졌다. 이러한 지휘통제 분야에서 지휘관과 참모들의 분석 및 지휘결심 과정에 대해 인공지능 참모를 이용하여 지능화 서비스를 제공하는 것이 지능형 지휘결심지원체계(또는 국방 지능형 의사결정지원체계)이다.

지능형 지휘결심지원체계는 크게 인공지능을 이용해 정형·비정형(음성·이미지·영상·문서 등) 데이터를 분석·융합하는 정보융합 과정과 전장상황분석 과정, 그리고 방책 수립 과정으로 이루어진다. 정보융합 과정은 단순한 데이터 분석에 그치지 않고 고차원의 지능화 처리가 가능하도록 이를 컴퓨터가 이해할 수 있는 형태로 구조화한다. 이를 위해 다양한 데이터에서 추출한 의미 있는 지식 요소들을 융합하여 전장 지식 베이스를 구축한다. 전장상황분석 과정은 전장 지식 베이스를 바탕으로 전장 상황 평가 지원, 환경 분석, 적 방책 분석 등을 수행한다. 마지막으로 방책 수립 과정은 상위 제대가 할당한 임무와 전장상황분석 결과, 교리 등 사전에 정의된 룰을 기반으로 아군의 방책을 수립하고, 방책 수행 시 결과를 예측, 분석한다.

이러한 지능형 지휘결심지원체계는 제대·임무에 따라 각각 특성화된 인공지능 서비스 개발이 필요하다. 예를 들어 합동참모부에서의 지능형 지휘결심지원체계는 육·해·공 C4I 체계, 군사정보처리체계, 연합사 등 군사 데이터는 물론 국정원 및 민간 뉴스, SNS 등 민간 데이터를 종합하여 합동/전략급 의사결정을 지원할 수 있도록 개발해야 한다. 방공 관련 부대의 경우에는 적 비행체의 위협도를 분석하고 적절한 타격 무기를 선정, 할당하는 것에 중점을 두어 의사결정 지원 기술을 개발해야 한다. 육군 여단급의 경우 관할 지역의 지형 및 적 배치, 예상 이동 경로, 임무 등을 분석하고 상위 제대가 할당한 임무와 아군 하위 제대의 상황을 고려한 방책 수립이 지능형 지휘결심지원체계의 핵심 기술이다.

이처럼 지능형 지휘결심지원체계는 운용되는 제대별로 각각 다루는 데이터부터 달성하고자 하는 중점 목표가 다르다. 그러나 각 제대별로 각각의 지능형 지휘결심지원체계를 개발, 운용하는 것은 비효율적이고 비현실적이다. 이와 관련된 내용은 다음의 인공지능 공학 기술 관련 내용에서 자세히 기술할 것이다.

두 번째 주요 활용 분야는 기존의 유인 전투 체계와 새로운 무인 전투 체계의 합동 운용을 위한 유·무인 복합전투체계다. 최근 2022년의 러시아-우크라이나 전쟁에서 보듯이 현대전에서 드론봇 등 무인 전투 체계의 효과적인 활용은 전쟁의 성패를 가를 수 있을 만큼 중요하다. 유·무인 복합전투체계의 효과적 운용을 위해서는 뛰어난 무인 전투체계(무인 지상 수색차량, 무인 장갑차, 정찰용·공격용·자폭용 드론봇, 무인 수색정, 무인 잠수정 등) 개발뿐만 아니라, 이러한 무인체계들을 효율적으로 운용하기 위한 의사결정지능의 개발이 필수적이다. 예를 들어 현재 우리 군에서 운용하는 감시정찰용 무인기의 경우, 원격에서 사람이 무인기에서 촬영한 영상을 모니터링하며 조이스틱을 이용해 무인기와 장착된 센서들을 조종한다. 이러한 상황에서는 운용 가능한 무인기의 수는 제한되며, 사람의 실수로 인한 무인기 오작동·파손 가능성이 존재한다. 따라서 사람이 직접 개별 무인체들을 조종·통제하는 것이 아니라, 사람은 상위 임무를 할당하고 무인체에서 자율적으로 세부 실행 전략 수립 및 동작 순서를 생성하게 하는 의사결정 지원 기술 개발이 필수적이다.

유·무인 복합전투체계에 적용되는 의사결정 지원 기술은 크게 세 가지로 구성된다. 지능형 지휘결심지원체계에 적용되는 의사결정지능 기술과 유사하게 장착된 센터에서 획득한 데이터들을 종합하는 정보 융합 과정, 주변 환경에 대한 상황 분석 과정, 그리고 방책 수립 과정이 그것이다. 다만, 해당 기술에서는 유인체와 무인체, 그리고 무인체들 간의 상호작용이 중요하기 때문에 서로 간의 협력을 고려한 지능 개발이 필수적이다. 현재 민간에서는 지능형 에이전트, 자율 로봇 및 무인 차량 등을 위해 기술 개발이 활발하게 이루어지고 있으므로, 이러한 기술들을 적극적으로 활용하는 것이 필요하다.

이상으로 가트너에서 선정한 2022년 전략기술 중 의사결정 지원 기술과 국방 분야에서 이것이 어떻게 활용되는지에 대해 알아보았다. 다음으로는 이러한 인공지능 기술이 단순히 실험실 단계에서 개발, 평가되는 것이 아니라 실제 환경에서 운용되기 위해 필수적으로 반영되어야 될 인공지능 공학 기술에 대해 살펴보기로 하자.

국방 인공지능과
인공지능 공학

인공지능 공학은 인공지능 모델과 서비스 애플리케이션을 지속적으로 업데이트하고 최적화하는 기술이다. 독자들은 위 문장을 읽고 의아함을 느낄 것이다. 기술이란, 특히 소프트웨어 기술이란 당연히 업데이트 및 최적화가 필요한데, 왜 이것이 떠오르는 전략기술로 선정된 것일까? 그것은 중요함에도 현재 간과되고 있기 때문이다. 지금부터 그 이유를 살펴보도록 하자.

인공지능은 그 이름에서 직관적으로 알 수 있듯이 지능의 일종이다. 사람의 지능을 생각해 보자. 우리는 뇌를 가지고 태어나 끊임없이 자신의 지능을 발전, 적응시킨다. 유아기를 거쳐 초등학교에 입학하여 교육을 받으면 보통의 초등학생이 할 수 있는 사고와 행동을 할 수 있으며, 이는 교육과정을 통해 발전하게 된다. 그리고 대학에 가서 전공을 선택하고 전공 수업을 받으면 특화된 일을 수행할 수 있는 지능을 보유하게 된다.

예를 들어, 필자는 1990년대에 컴퓨터공학을 전공하여 1990년대에 나온 컴퓨터의 구조를 이해하고 C, C++, JAVE 등의 프로그래밍을 할 수 있다. 그러나 세상은 계속해서 변화하여 2020년대에는 새로운 컴퓨터 구조와 프로그래밍 언어가 나오고 있다. 과연 필자가 1990년대에 발전시킨 컴퓨터공학 관련 지능으로 2020년대에 새로 나온, 예를 들어 파이썬 프로그래밍을 할 수 있을까? 모두가 답을 알 듯이, 필자는 파이썬이라는 프로그래밍 언어를 배워야 한다. 인공지능도 동일하게 새로운 데이터를 다루거나 새로운 작업을 수행하기 위해서는 '학습'이라는 과정을 통해 지능을 발전시켜야 한다. 이를 위한 시스템을 구축하는 것이 바로 인공지능 공학 기술이다.

국방 분야에서 이러한 인공지능 공학 기술의 필요성은 두드러진다. 그 이유는 크게 다음과 같다. 첫째, 전장 환경은 시간과 공간의 변화, 아군과 적군과의 상호작용에 따라 끊임없이 변화하기 때문이다. 이는 국방 인공지능이 다루는 데이터와 달성해야 하는 목표가 지속적으로 바뀐다는 것을 의미한다. 둘째, 현대 기술 발전의 속도는 점점 가속화하고 있고 새로운 인공지능 모델이 개발되고 있기 때문이다. 따라서 이러한 최신 기술을 신속하게 국방에 적용하기 위한 시스템 구축이 필요하다. 마지막으로, 앞서 지능형 지휘결심지원체계에 대한 글에서도 언급했듯이 국방 환경에서 인공지능은 제대별로, 운용 목적별로 다양한 형태가 필요하기 때문이다. 그러나 이를 각각 개발하는 것은 비용, 개발 시간 측면에서 비효율적이다. 따라서 이를 공용화하고 효율적으로 개별 발전시키기 위한 시스템이 필요하다.

그렇다면 국방 분야에서 인공지능 공학 관점으로 볼 때 우선적으로 발전시켜야 할 것은 무엇일까?

필자는 다음 세 가지를 강조하고자 한다.

첫째는 인공지능 발전 인프라 구축이다. 앞서 인공지능은 '학습' 과정을 통해 지능을 발전시킨다고 했다. 이러한 '학습'은 데이터를 수집하고, 그 데이터를 이용해 인공지능을 업데이트·최적화하고, 학습된 인공지능을 평가하는 과정이 반복·순환되는 형태로 이루어진다. 이를 위한 시스템이 인공지능 발전 인프라다.

둘째는 국방 인공지능 기반 무기체계 개발 프로세스의 개선이다.

현재의 무기체계, 정보화 사업은 개발-전력화 2단계로 이루어지는데, 이 과정에 인공지능 공학 기술이 개입할 여지가 없다. 이를 개발-전력화-최적화 3단계로 확대하여 지속적인 국방 인공지능 향상이 가능하도록 해야 한다.

마지막으로 셋째는 인공지능 공학 기술 인력의 양성이다. 전력화 이후 지속적인 국방 인공지능 최적화는 우리 군의 몫이므로, 이를 수행할 수 있는 인력 양성이 필요하다.

지금까지 가트너에서 선정한 2022년 전략기술 트렌드 중 국방 인공지능 발전에 필요한 핵심적인 의사결정 지원과 인공지능 공학 기술에 대해 살펴보았다. 두 전략기술에 대한 이해와 국방 분야 적용은 지능형 지휘결심지원체계, 인공지능 유·무인 복합전투체계 등 미래 국방 지능형 체계 개발의 성공은 물론, 향후 우리 군의 전력 향상을 위해서도 반드시 필요하다.

제조 데이터·AI로 국방 장비 제조 첨단화

김일중
KAIST 제조AI빅데이터센터장·교수
한국국방기술학회 학술이사
(국방제조AI 전문위원)

제조업 AI 시장 급성장

2021년 열린 세계경제포럼WEF, 일명 다보스포럼에서 향후 5년간 제조 분야에서의 가장 큰 변화는 인공지능 '머신러닝Machine Learning이 결정할 것'이라는 데 의견이 모였다. 또 세계경제포럼은 2020년 1월 10일 4차 산업혁명 기술을 활용해 미래 세계 제조의 등대 같은 역할을 하는 18개의 등대공장Light house factory을 발표하기도 했다.

그런데 놀랍게도 18개의 등대공장으로 뽑힌 독일의 헨켈(생활용품), 미국의 존슨앤드존슨 비전케어(콘택트렌즈), 일본의 히타치(전자부품), 중국의 하이얼(가전) 등의 기업 특징을 살펴보면 100%가 현장 공장에서 수집한 제조 데이터와 인공지능을 도입해 성과를 창출했다는 공통점을 발견할 수 있었다.

글로벌 시장조사기관인 마켓앤드마켓의 2020년 보고서는 제조업의 인공지능 시장이 2020년 11억 달러에서 2026년 167억 달러에 이를 것이라고 전망했으며, 예측 기간에 57.2%의 연평균 성장률을 달성할 것으로 예상했다. 그리고 제조 AI 시장의 주요 활성화 동인으로 제조 AI 데이터셋, 진화하는 산업용 사물인터넷IoT 및 자동화, 컴퓨팅 성능 개선을 꼽았다.

해당 보고서는 특히 코로나19 팬데믹 시기에도 제조 시장에서

국방 분야 제조에 제조데이터·AI를 활용하면 효율적인 정비와 제품 불량 여부 식별이 가능하다. 사진은 공군 군수사령부 81항공정비창 정비요원이 비디오스코프를 이용해 엔진의 균열을 검사하는 모습(출처 : 국방일보 이경원 기자)

인공지능의 예측 유지 보수predictive maintenance 및 기계 검사machinery inspection application는 향후 제조 AI 영역에서 가장 큰 점유율을 차지하고 또 발전할 분야임을 예상했다. 이를 보면 앞으로 제조 AI의 확산세는 지속하리라는 것을 예측할 수 있다.

이렇게 제조 데이터와 AI 분석은 향후 제조 기업의 지속가능성을 결정지을 수 있는 핵심 수단으로 자리매김하고 있다. 이러한 시대적 흐름 속에 독일·미국·일본 등 제조 선진국은 이미 제조 데이터와 AI의 중요성을 인지하고 첨단 제조와 스마트 공장의 질적 고도화에 이를 핵심 요소 및 기술로 적극 활용하고 있다.

그렇다면 이제 국내 제조업을 살펴보자. 국내 제조업은 우리나라 국내총생산GDP의 30.4%를 차지하고 있으며, 국내 전방위적으로 산업 성장을 견인하는 중추적 역할을 수행해 오고 있다.

그러나 현재 국내 제조업은 독일·일본·미국 등 제조 선진국과 중국·인도와 같은 후발 국가들 사이에서 넛크래커nutcracker (나라의 경제 상황이 선진국과 후발 개발도상국 사이에 끼인 현상을 호두 까는 기구에 끼인 호두에 비유한 말) 상황에 직면하고 있다. 이에 중소벤처기업부, 스마트제조혁신 추진단, 한국과학기술원 K-인더스트리4.0추진본부·제조AI빅데이터 센터는 2020년 12월 14일 세계 최초로 민관 합동 인공지능 중소벤처 제조 플랫폼 KAMPKorea AI Manufacturing Platform를 출범했다. 그리고 제조 데이터와 AI를 활용한 생산성 및 품질 향상을 위한 KAMP 기반 사업을 추진 중이다.

제조 데이터와 제조 AI 활용 목적

제조 데이터는 설비관리·품질관리·생산관리 등을 위해 제조 현장인 공장에서 수집되는 데이터를 의미한다. 제조 데이터의 종류는 크게 설비 제조 데이터, 운영 제조 데이터, 에너지 제조 데이터로 나뉜다. 설비 데이터란 생산설비에서 발생하는 설비 상태, 설비 제어, 외부 장비와의 연결을 위한 로그 데이터를 의미한다. 운영 제조 데이터란 제조 정보시스템(MES, ERP, CRM, SCM, PDM 등)에서 추출한 관리 데이터를 뜻한다. 마지막으로 에너지 제조 데이터란 공장 설비 및 장비를 운영하기 위해 투입되는 에너지(전기, 오일, 가스) 데이터를 뜻한다.

제조업에서 이러한 다양한 종류의 제조 데이터를 수집·축적해 인공지능을 적용하는 이유로는 ▲장비 이상 조기탐지 ▲품질 이상 탐지·진단 ▲장비 운영 최적화를 들 수 있다.

'장비 이상 조기탐지'란 생산 과정에서 사용되는 장비의 고장 징후를 제조 AI·빅데이터 기술을 통해 조기 감지·예측해 능동적으로 높은 설비 가동률을 확보하는 것을 의미한다.

'품질 이상 탐지·진단'이란 생산된 제품의 품질을 영상·진동·소리 등 실시간으로 수집된 제조 데이터를 대상으로 AI·빅데이터 분석을 통해 정상 범위에서 벗어난 불량 원인을 예측하는 것을 뜻한다.

마지막으로 '장비 운영 최적화'란 생산 현장에서 발생하는 4M+2E (Man, Material, Machine, Method, Environment, Energy) 제조 데이터에 대해 인공지능·빅데이터를 분석함으로써 제조 공정에서 발생 가능한 문제를 조기에 식별하고 신속하게 해결해 최상의 공정 상태를 유지하는 것을 의미한다.

제조 데이터와 제조 AI 활용 사례

KAMP를 활용해 제조 현장에 제조 데이터 및 AI 기술을 실제 적용한 모범 사례를 알아보자. 1990년 설립된 경기도의 자동차 부품 제조업체는 무선 진동센서를 통해 축적된 데이터로 개발한 인공지능을 활용, 단조프레스의 고장 징후를 예측해 장비 이상 조기탐지를 이끌어냈다.

1947년 설립된 내화물(고온, 화학적 작용 등에도 견딜 수 있는 재료) 제조 기업은 엑스레이 비파괴 검사 기반 이미지 데이터를 활용해 인공지능 모델을 개발한 결과, 생산물이 양품인지 불량인지를 분석해 품질검사 정확도를 향상시킬 수 있었다. 마지막으로 1999년 설립된 울산의 정밀 금형 제조 기업은 프레스 설비의 소리 데이터를 수집·활용해 AI 금형 수명예측 모델을 개발·적용한 결과, 프레스 설비 비가동 시간 최소화 및 생산성 향상을 달성했다.

국방 분야의 좋은 참모 역할 제조 데이터와 AI

국방 분야 제조물이 불량으로 군부대에 납품되면 사고로 직결돼 군 장병의 부상을 초래하고, 심지어 목숨을 앗아갈 수도 있다. 또한 국방 군수물품이 제때 제조되지 않아 생산이 지연된다면 병력과 장비의 효율적인 운영이나 전력의 우위 선점에 매우 큰 제약을 받게 된다. 그러므로 국방 분야 제조업은 앞서 설명한 제조 AI 적용 목적을 반영하여 아주 정밀하고 섬세한 작업을 통해 생산이 이뤄져야 한다.

먼저 총알이나 박격포탄 제조에서 프레스, CNCComputer Numerical Control, 컴퓨터 수치 제어 머신의 AI 장비 이상 조기탐지 및 제품 불량 여부를 예측할 수 있다. 총알이 잘 뚫리지 않는 탱크 소재를 인공지능으로 개발해 더 튼튼한 탱크를 제조할 수도 있다. 또한 인공지능이 탱크 제조의 연구개발 시간 단축에 기여할 수도 있다.

경계초소, GOP, GP 등에 설치할 CCTV를 만들 때 인공지능 시스템을 탑재하면 이 시스템이 적인지 아군인지 확인하고 동태를 추적하며 중앙시스템에 이를 알릴 수 있는 인공지능 기반 지능형 영상보안시스템을 구축할 수도 있다.

이를 위해 CCTV 제조업체는 인공지능 분석에 필요한 충분한 제조 AI 데이터셋이 필요하다. 군에 제공하는 장비 제조업체는 특정 부대의 장비 가동 현황 데이터를 확인하고 인공지능이 부품 교체 적기를 알려주어 전투 준비 태세를 강건히 하고 군 전력 유지의 효율성 또한 높일 수 있다.

국방 장비의 설비 건전성 유지가 제때 이뤄지지 않는다면 장비 노화 현상과 함께 차후에는 장비 유지를 위한 부품비·인건비 등의 유지·보수 비용이 증폭할 수 있다. 이렇게 국방 경쟁력 강화를 위해 국방 관련 제조에도 제조 데이터와 인공지능 기술을 광범위하게 적용할 수 있다.

그러나 2021년 과학기술정책연구원STEPI이 발간한 「국방 분야 인공지능 기술 도입의 주요 쟁점과 활용 제조 방안」 보고서에 따르면 군·대학·연구소·방산기업 전문가 50명을 대상으로 한 설문조사에서 국내 국방 분야 인공지능 기술 활용성에 대해 응답자의 74%가 '매우 미흡' 또는 '미흡'으로 답한 것으로 확인되었다.

국방 분야는 군이 요구한 군사 무기·장비를 제조 기업이 개발·제공하며, 제조 데이터·AI 기술 적용과 함께 국방비 및 군사력의 효율적인 운영을 통해 전력 우위 유지가 가능하다는 특징이 있다. 따라서 국내 국방 분야 제조에서 좋은 전략 참모 역할을 할 수 있는 제조 데이터·AI 활용이 좀 더 확대되어 국군 첨단화와 군사력 강화를 견인하기를 기대한다.

메타버스의
국방 분야 활용

최형욱
퓨처디자이너스 대표
한국국방기술학회 학술이사

왜 메타버스인가?

'메타버스'는 가상과 현실의 경계가 흐려져 현실의 많은 것들이 가상공간에, 또 가상의 것들이 현실에 디지털로 구현되는 현상을 말한다. 현재 무형이며 실체가 없는 것들이 현실과 만나 상호작용이 가능해지는 변화가 일어나고 있다. 인터넷 연결의 확산, 그래픽처리장치GPU 성능을 기반으로 하는 가상화 기술, 인공지능AI의 발전 등이 가상과 현실의 융합을 가속화하고 있다. 특히 가상현실VR, 증강현실AR, 디지털 트윈 같은 메타버스 기술들이 다양한 산업과 분야에 적용되면서 과거에 존재하지 않았던 새로운 가능성을 만들어 내고 있다.

제조 현장이 디지털 트윈으로 생산성 극대화와 고효율 구조의 스마트 팩토리로 진화하면서, 물류 현장에서는 물류 흐름의 최적화와 상황 변화에 따른 정확한 예측 및 운용이 가능해지고 있다. 교육현장에서는 가상현실을 활용해 직접 눈앞에서 전 세계 학생들과 함께 협력하는 학습이 가능해졌고, 미디어 산업에서는 몰입감 있는 정보 전달이 이루어지고 있다.

또 커머스 영역에서는 직접 상품을 만져 보거나 가상으로 착용하는 것이 가능해지면서 온라인 쇼핑 경험이 진화하고 있다. 일하는 방식마저 어디에 있든지 협업하고 유연하게 업무를 할 수 있는 환경이 만들어지고 있다.

군대도 예외가 아니다. 이미 4차 산업혁명이라는 거시적 변화에

가상현실(VR)·증강현실(AR) 기술이 적용된 육군사관학교의 소부대 과학화 전술훈련장에서 장병들이 분대 공격방어 쌍방훈련을 하는 모습(출처 : 국방일보 조종원 기자)

대응하기 위해 다양한 기술을 도입, 적용하는 시도가 이어지고 있다. 가상현실과 증강현실도 예외가 아니다.

특히 가상현실 기술을 활용해 현존감Presence, 학습몰입 Learning flow, 상호작용Interaction, 다양성Diversity이라는 요소들을 극대화해 교육훈련 효과를 높이는 결과를 만들어 내고 있다. 고공 강하, 전차·방공장비 운용, 전자전, 중장비·헬기 조종 같은 시뮬레이션은 물론, 장비 정비와 용접 같은 분야를 가상현실로 훈련하도록 실감형 콘텐츠를 개발하고 있다.

증강현실 기술을 활용하면 현장에서 원격 지원을 받거나 작전 수행 시 빠르게 지시를 전달하고 소통할 수 있다. 급변하는 상황에 따른 정보 취득이 쉬워지는 장점도 있다. 교육훈련을 넘어 실제 작전 현장에서의 임무 수행 능력 향상에 큰 역할을 할 수 있기에 여러 나라가 증강현실 기술을 적용한 다양한 기술을 개발하고 국방 적용을 시도하고 있다.

가상현실과 증강현실의 현재와 이슈

가상현실과 증강현실은 잠재성이 큰 분야이지만 기술 개발 수준이 아직 충분한 단계에 이르지 못한 것이 현실이다. 특히 가상현실·증강현실 분야는 직접 착용하는 웨어러블 컴퓨터 장비가 중요한데, 여기서는 컴퓨팅 성능과 디스플레이 기술은 물론 사용자 인터페이스와 운용되는 소프트웨어가 차지하는 비중이 매우 크다.

가상현실의 경우, 주로 대만의 가상현실 전문 개발·제조사인 HTC의 유선형 헤드셋인 바이브Vive를 채용해 교육훈련용 시뮬레이터에 활용하고 있지만 처리 성능, 디스플레이 해상도, 입력장치와 보디 트래킹을 위한 베이스 스테이션 기술에 많은 개선이 필요하다. 아울러 무선 동작을 위한 올인원 헤드셋으로 전환해야 하는 분야도 많아 가상현실 기기 메타 오큘러스 퀘스트2나 이후 모델들에 대한 채용도 필요한 상황이다.

증강현실의 경우는 더 심각하다. 마이크로소프트의 홀로렌즈2 정도가 활용할 수 있는 디바이스의 전부라 실제 적용하는 데는 많은 제약이 있다. 성능이나 사용성은 실사용 조건과 간극이 커서 연구용이나 교육훈련 용도를 넘어서기 어려운 수준이다.

실감형 콘텐츠 개발 현황과 이슈

우리 국방부는 군 교육훈련을 혁신하기 위해 국방 가상현실 추진을 위한 구체적인 14개 과제를 선정해 2017년부터 지속적으로 기술 도입을 시도하고 있다. 이 14개 과제는 모두 콘텐츠 개발을 위한 분야다. 앞서 디바이스가 갖는 제약과 이슈들이 있음에도 많은 예산을 투입해 개발하는 과제들은 대부분 구체적인 시나리오를 기반으로 하는 교육훈련용 콘텐츠다. 장비 정비나 개인 훈련 시뮬레이터, 재활 훈련이나 간호 실습을 위한 보조 콘텐츠, 작전과 교전 대응 훈련 시스템 같은 소프트웨어들이다.

이러한 것들이 꼭 필요한 소프트웨어인 것은 분명하지만 디바이스에 대한 종속성이 존재하고, 향후 업그레이드나 유지·보수 측면에서 여러 제약이 있다는 것은 분명하다. 각 과제가 독립적으로 추진되고 있기에 상호 연계성, 호환성, 다중 사용자를 위한 경험과 시나리오에 대한 고려 등이 충분히 이뤄지고 있는지 불확실한 부분도 있다.

2010년대 중반 국내 메타버스 관련 정부 주도 지원사업들 또한 대다수가 실감형 콘텐츠 개발에 치우쳐 있었다. 현재 시점에서 볼 때 제대로 활용되거나 지속적으로 업그레이드되면서 발전하고 있는 사례가 드물어 접근 전략에 근본적인 문제는 없는지 재고할 필요가 있다.

디지털 트윈의 잠재성과 제약 요인

디지털 트윈은 컴퓨터로 실제 상황을 가상공간 안에 최대한 유사하게 구현하는 것이다. 시뮬레이션을 통한 빠른 의사결정과 효율적인 운용을 위해 적용하고, 최근 정부가 가장 적극적으로 육성·지원하고자 하는 분야이기도 하다. 군사 목적의 디지털 트윈이 지닌 잠재성도 매우 크다. 해안 경계나 전투 장비 운용, 관제시스템 등과 연동된 디지털 가상화 시스템이 구현되면 방위나 작전의 실효성은 물론 실시간 대응 능력이 향상될 수 있기 때문이다.

하지만 디지털 트윈을 개발하기 위해서는 생각보다 많은 요소를 고려해야 한다. 먼저 초기 개발 구축 비용이 매우 크다. 교육용 콘텐츠를 만드는 것과 비교할 수 없을 만큼의 비용이 든다. 일회성이 아닌, 지속적인 유지·보수가 필요한 분야이기에 면밀하고 구체적인 목표가 필요하다. 따라서 계획 없는 접근은 지양해야 한다.

게다가 실제 구현할 때의 기술적 난도 역시 높다. 정확하고 세밀한 데이터 확보는 물론, 시뮬레이션 요소들에 대한 구조가 설계에 충분히 반영되어야 한다. 또 운용을 위한 시뮬레이션 방법론과 알고리즘 개발도 이뤄져야 한다. 사전에 설계를 위한 충분한 준비와 기술 확보가 필요하고, 장기적인 계획과 목표도 있어야 한다는 의미다.

메타버스의 근본적 문제와 전략적 미래

가상현실, 증강현실, 디지털 트윈 등 다양한 메타버스 기술들은 국방의 목적에도 매우 중요하게 활용될 수 있고, 잠재성이 큰 것도 분명하다. 하지만 충분하지 않은 현재의 기술 수준을 선제적으로 발전시켜야 원하는 수준의 활용이 가능하고, 군 주도의 기술 리더십으로 민간과 국가에 더 크게 일조할 수 있다.

예산 규모로 비교할 수는 없지만, 미국 방위고등연구계획국DARPA 같은 기관이 선제적·장기적 안목으로 기술 투자·지원을 지속한 결과 많은 기술이 군사적 역량은 물론 민간 혁신에도 기여하고 있음을 알 수 있다. 메타버스 분야는 단기적 관점에서의 콘텐츠 개발보다는 장기적 안목에서의 디바이스 기술 개발, 입력장치 혁신, 센서와 카메라 비전 적용, 고성능 무선 올인원 헤드셋 기술 등 선제적으로 확보해야 할 엄청난 기술들이 존재하는 곳이기도 하다.

따라서 지금 주력으로 진행하는 과제에 대한 근본적인 보완과 함께 장기적으로 추진해 나갈 메타버스 기술들에 대한 다각화된 실행과 준비가 필요하다. 하나하나 실행해 나가면서 그 과정이 계속 축적돼 이어질 수 있는 기술혁신 생태계가 만들어진다면 메타버스라는 새로운 가능성의 시대를 주도할 커다란 힘을 가지게 될 것이다.

블록체인 개념과 활용 사례

민연아
한양사이버대학교
응용소프트웨어공학과 교수
한국국방기술학회 학술이사

제대 후 복학을 준비해야 하는 A부대 김 상병은 복학에 필요한 서류 제출을 어떻게 해야 하는지 고민이다. 동기들에게 연락해 보니 군에서 사용하는 e-병무지갑과 디지털 신분증으로 복학 과정을 쉽게 처리할 수 있다고 한다. 그것도 원클릭으로 자신의 개인정보를 보호하면서 말이다.

4차 산업혁명과 더불어 데이터의 중요성이 갈수록 커지고, 이에 따라 인공지능과 블록체인 등 데이터를 활용하거나 관리하는 기술에 대한 관심이 높아지고 있다.

이 글에서는 블록체인의 개념과 특징 및 활용 사례를 간단하게 소개하려 한다.

블록체인이란?

블록체인 하면 가장 먼저 떠오르는 것이 바로 비트코인이다. 하지만 비트코인은 블록체인 기술을 일부 적용한 서비스일 뿐, 블록체인 기술 그 자체를 의미하지는 않는다.

블록체인은 2008년 사토시 나카모토가 처음 소개했으며, 1·2·3 세대로 구분하여 기술의 활용을 설명할 수 있다.

1세대 기술은 퍼블릭 블록체인을 기반으로 하는 암호화폐(비트코인)

활용이 주를 이루었으며, 이후 암호화폐 이외 다양한 산업에서 활용하기 위해 2세대 기술인 이더리움 기반 활용 사례가 다양하게 소개되었다. 2세대 기술인 이더리움은 스마트 계약Smart Contract를 기반으로 주어진 입력에 대해 '정해진 조건 충족' 시 자동으로 거래를 실행할 수 있다는 특징이 있다. 이러한 이더리움의 특징에 기반해 현재는 게임, 금융, 미디어, 소셜, 소토리지, 에너지 관리, 헬스케어 등의 영역에서 활용할 수 있게 되었다.

이더리움 이후, 기업 단위 노드들이 참여하여 데이터를 공유할 수 있는 하이퍼레저 기술로 발전하며 기업과 기업 간의 데이터 공유가 투명하고 정확하게 이루어지게 되었다.

그렇다면 블록체인이란 무엇일까?

한마디로 블록체인 기술은 발전된 데이터베이스 기술이며, 신뢰할 수 있는 암호 기술이다. 기존 거래 방식과 가장 다른 점은 데이터가 모든 지점(노드, node)에 분산·공유·저장된다는 것이다. 데이터를 거래할 때 필요한 모든 지점(네트워크에 연결된 모든 노드)을 통해 데이터를 분산 관리할 수 있다. 이러한 특징을 고려하여 블록체인을 '분산원장관리 기술'이라고도 한다.

블록체인은 거래 기록 관리를 위해 참여 노드가 동의하는 과정을 거치는데, 이러한 규칙을 합의 과정이라고 한다. 합의가 된 경우에만 새로운 거래로 인정하고 데이터를 블록체인에 저장할 수 있다.

블록체인은 네트워크에 연결된 모든 지점(노드)이 데이터 검증 및 블록 합의에 참여할 수 있는 퍼블릭 블록체인과 허가된 지점(노드)들로만 구성된 프라이빗 블록체인으로 크게 나뉜다.

블록체인은
데이터 분산·공유·저장

우리가 일반적으로 알고 있는 시중 은행에서 거래하는 방법을 생각해 보자.

김 상병이 예금을 하는 사례를 살펴보자. 김 상병이 예금을 하려면 은행을 방문하거나 앱에 접속해야 한다. 그렇다면 김 상병이 남긴 데이터는 누가 관리하고 제어할까? 바로 은행이다. 김 상병(요청자)은 입금 또는 출금(서비스)를 하기 위해 은행(중개자)을 이용하고, 은행은 김 상병이 거래할 때 남긴 모든 데이터를 가지게 되는 것이다.

블록체인은 다르다. 블록체인은 네트워크에 연결된 모든 지점(노드)에 데이터를 분산·공유·저장한다.

김 상병의 은행 관리 사례에 블록체인 기술을 적용해 생각해 보면,

- 거래를 위한 데이터(입금 요청, 입금 확인, 출금 요청, 출금 확인 등의 트랜잭션 Transaction)가 기록되고, 누가 참여했는지, 무슨 일이 언제 어떻게 발생했는지 세부 정보를 기록할 수 있다.
- 네트워크에 연결된 다수의 지점(노드)을 통한 합의와 검증 과정을 통해 기록된 거래가 유효임을 동의하고 합의할 수 있다.
- 검증과 합의 과정을 거친 거래 내역은 모든 블록체인에 연결되며
- 노드들이 보유한 블록체인에 동일한 내용이 저장되어 관리된다.
- 거래되는 데이터는 당연히 신뢰할 수 있는 암호화 기법을 사용해 처리된다.

위 과정은 거래 내역을 블록체인으로 관리하는 과정에 대한 아주 간단한 설명이다. 블록체인 기술을 기반으로 처리되는 거래 내역은 해싱이라는 단방향 암호화를 통해 이전에 거래된 내역을 기반으로 현재 블록의 거래 내역이 암호화되는 것이므로 모든 거래 내역을 임의로 수정·변경하는 것은 절대 불가능하다.

블록체인의 다양한 활용과 NFT

앞서 설명한 은행 거래뿐만 아니라, 차량공유 서비스나 온라인상에서 디지털 콘텐츠를 생산하고 자신의 콘텐츠 저작권 관리 등에도 블록체인 기술을 활용할 수 있다.

국내와 해외의 블록체인 기술 활용 사례를 살펴보자. 캐나다의 오픈바자OpenBazaar는 블록체인 기반 오픈 마켓인데, 이곳을 통해 생산자와 구매자가 만나 (중개 수수료 없이) 투명하게 거래할 수 있다.

유럽 발트해 연안의 작은 나라인 에스토니아Estonia는 2014년 '전자 영주권 제도'를 도입했는데, 이곳에서는 '에스트코인estcoin'을 통해 가상의 영토에 창업도 할 수 있다.

신선품 생산품 이력 관리나 버려지는 에너지를 직접 거래하는 일도 블록체인 기술을 기반으로 관리 가능하다.

지능정보사회로의 변화와 전자정부 추진에 힘입어 정부 단위의 블록체인 시범사업도 다양하게 추진되고 있다. 부산광역시와 서울특별시 등 지자체에서는 블록체인 기반 이력관리 플랫폼을 추진하고

실감형 VR 소방훈련 시뮬레이션 프로그램 구성 예(출처 : 대전일보(http://www.daejonilbo.com)

있으며, 보건복지부는 복지급여의 중복 수급을 막고 복지 사각지대가 생기는 것을 막기 위해 블록체인 기술을 적용하려고 한다.

공무원연금공단 역시 블록체인 기술 기반의 신원증명 및 비대면 민원서비스를 추진하고 있으며, 병무청도 블록체인 기술을 도입하기 위해 다양한 노력을 하고 있다. 앞서 사례로 든 e-병무지갑 역시 블록체인 기술을 활용해 자신의 데이터를 스스로 관리하고 경제적으로 활용하기 위한 서비스 중 하나다.

최근에는 대체불가토큰의 개념으로, 디지털 자산에 대한 가치 및 저작권 관리가 가능한 NFT Non Fungible Token 활용도가 높아지고 있다. NFT는 블록체인이 가진 특징인 비가역성을 기반으로 거래 내역에 대한 수정 및 훼손이 불가능하며, 저작권에 대한 관리가 가능하여 기존 이슈가 되었던 불법 복제 및 저작권 침해를 방지하기 위한 기반 기술로 연구되고 있다.

기존의 암호화폐는 하나의 코인이 동일한 가치를 가지지만 NFT의 모든 토큰은 각자 다른 가치를 가지고 고유성을 보장한다는 점에서 차이가 있다. 이를 통해 NFT를 사용한 창작자의 저작권 보호는 저작자의 노력에 대한 정당한 보상을 가능하게 한다. 또한 2021년에는 메타버스 플랫폼을 통해 '초실감 훈련 체험형 메타버스' 사업을 추진하여 가상공간 안에서 NFT를 활용한 사례가 있다.

블록체인 기반 DID로 보안 문제 해결

DID는 탈중앙화 신원증명Decentralized Identifier, 즉 자기주권 신원관리를 위한 기술이다. 앞서 설명한 e-병무지갑의 디지털 신분증은 블록체인 DID(분산신원증명) 기술이 적용된 대표적인 사례다.

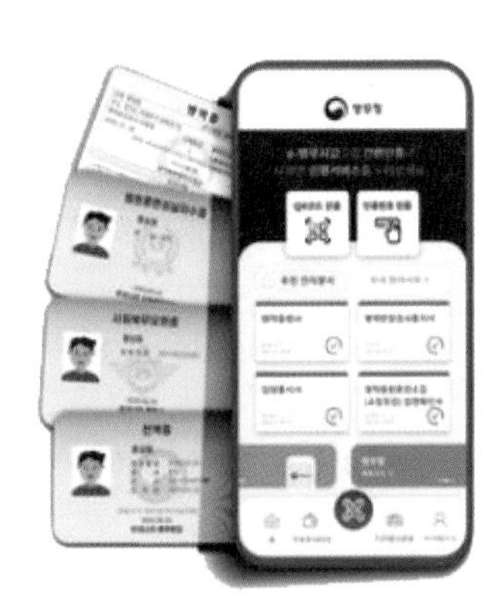
병무청의 디지털 신분증
(출처 : 라온시큐어)

디지털화된 데이터가 다양한 곳에서 발생하고, 해당 데이터를 산업 곳곳에서 유연하고 적절하게 활용하는 디지털 전환 시대에는 데이터가 자산으로, 데이터 활용이 미래를 좌우할 수 있다.

개인의 신원Identity 정보 역시 서비스와 경제에 영향을 줄 수 있다. 각종 거래를 할 때 여과 없이 노출될 수 있는 개인의 신원은 엄격하게 보호받아야 하고 신원의 주체인 개인이 스스로 관리할 수 있어야 한다.

DID는 개인정보를 사용자User의 기기에 저장해 개인정보 인증이 필요할 경우에만 정보를 골라서 제출할 수 있는 전자신원증명 기술이다. 앞서의 사례에서 김 상병은 스마트폰에 저장된 e-병무지갑(DID 기술이 들어간)을 통해 자신의 데이터를 직접 관리하고, 필요할 때 중개자를 거치지 않고 자신의 정보에 대한 검증 및 인증 요구를 할 수 있다. 김 상병은 e-병무지갑을 통해 수많은 상황에서 자신의 개인정보에 대한 주권을 스스로 관리하고 보안 문제를 해결할 수 있다는 것을 느꼈을 것이다.

블록체인의 장점과 주의할 점

블록체인은 체인에 연결된 블록의 데이터들을 수정할 수 없다는 데이터 비가역성으로 인해 데이터의 해킹·변조 등이 불가능하다는 이유로 '고급 보안'이 가능하다.

또한 블록에 저장된 데이터의 투명성을 보장하고, 정확한 거래가 가능하며, 멀티레이어를 통해 선택적 데이터 노출도 가능하다.

이처럼 블록체인 기술이 훌륭한 것만은 틀림없다. 데이터의 가치가 높아지는 요즘, 모든 서비스를 사용할 때 정확한 처리 과정 및 내역을 확인하고, 스스로 개인정보를 보호하고 관리할 수 있는 기술이 바로 블록체인 기술이다.

하지만 블록체인 기술이 적용되는 곳(거래소·스마트폰 등)의 보안은 스스로 관리하고 감시해야 한다.

최근에는 인공지능 기술과의 융합으로 블록체인 기술에 대한 관심이 더 높아지고 있다.

인공지능과 블록체인의 공통점이 무엇일까? 바로 데이터를 기반으로 한다는 것이다. 인공지능은 데이터를 활용하는 기술이고, 블록체인은 데이터에 대한 보안과 투명한 관리가 가능한 기술이기 때문에 두 기술의 융합으로 인공지능 기술의 정확성이 높아지고 데이터의 신뢰도도 높아질 수 있다.

우리가 인지하지 못하고 있는 이 순간, 우리는 어떤 형태로 블록체인 기술을 경험하고 있는지, 나의 개인정보는 어떻게 관리되고 있는지, 또 하루 동안 내가 생산하는 다양한 종류의 데이터를 어떻게 처리하고 있는지에 대해 생각해 보자.

부지불식중에 생산되는 다양한 종류의 데이터를 활용하고 관리해 우리 생활이 안전하고 편리해지고 있다는 사실을 우리는 알고 있을까? 생활 속에서 경험하고 제공되던 데이터의 처리 과정과 적당히 간과할 수밖에 없었던 내 데이터의 가치와 중요성에 대해, 안정성 기반으로 더 안전하고 투명하게 사용·관리할 수 있는 방법이 무엇인지 고민해 봐야 할 시점이다.

국가안보와 보안 기술

김승천
한성대학교 IT융합공학부 교수
한국국방기술학회 수석부회장

사이버 공격으로
여론과 정보시스템 교란

한 강연에서 '현대전에서 가장 중요한 것이 무엇인가?'라는 질문을 들었던 기억이 있다. 이때 가장 먼저 떠오른 것은 바로 현대화된 무기체계였다. 그런데 뜻밖에도 장병들의 사기와 군기가 최우선이라는 답을 들었다. 사실 전투는 사람이 하는 것이기 때문에 군 장병들의 사기와 군기가 무엇보다 중요함에도 많은 사람들이 이를 간과하는 것 같다. 최신 현대 무기들이 전황에 무시하기 어려운 영향을 주지만, 근본적으로 높은 사기와 강한 군기가 전투에서 승리를 가져오는 가장 중요한 요소임에 틀림없다.

현재 우크라이나와 러시아의 전쟁을 보면서 느끼는 것들도 바로 전투원들의 사기를 어떻게 유지시키느냐의 전략이 전쟁에서 결정적인 요소가 될 수 있다는 점이다. 러시아는 우크라이나 침공에 앞서 주요 기관들을 해킹하고, 또한 디도스DDoS: Distributed Denial of Service 등의 사이버 공격을 가해 여론 및 정보 시스템을 교란시켰다. 이후 전투에서도 레이더 교란이나 무선통신 시스템의 재밍(전파방해) 공격 등을 통해 제대로 작전 수행이 이뤄지지 못하도록 하는 사이버 공격을 병행했다. 이는 기본적으로 정보통신 시스템을 무력화하고 잘못된 정보를 퍼뜨려 적의 사기를 떨어뜨리기 위한 방법인데, 가성비로 따지면 상당히 효율적이라고 여겨진다.

그림 1 'Z'가 그려진 러시아군 차량의 모습. 러시아군을 육안으로 식별하기 위해 써 넣었다는 분석이 설득력을 얻고 있다.

물론 초기의 전황과 다르게 우크라이나 국민과 장병들의 사기가 러시아를 압도하면서 전쟁이 러시아에 불리하게 전개되고 있지만, 이 또한 전투원들의 무형의 사기와 군기가 얼마나 중요한 요소인지를 보여주는 것이기도 하다.

현대전에서 사이버 공격은 이미 주요 전술의 하나로 인식되고 있으며, 이를 수행하는 방법은 매우 다양하다. 이러한 사이버 공격은 기술적으로 스푸핑Spoofing, 세션 하이재킹Session Hijacking 등 다양한 방법을 활용해 잘못된 정보를 전달하게 하거나 적의 정보를 교란하는 일을 수행한다. 이는 때로는 고가의 현대식 무기체계를 무력화하거나 오작동을 일으키게 할 수도 있어 전략·전술적으로 많이 활용되고 있다.

러시아의 우크라이나 침공 초기, 뉴스에서 러시아 전차와 장갑차에 표시된 'Z'를 두고 분석이 한창 이루어졌다. 이 'Z'가 의미하는 것이 '러시아군을 육안으로 식별하는 기능'이라는 설과 러시아어로 '승리를 위해Za pobedy'를 뜻한다는 설이 있다. 이 중 러시아 전차와 우크라이나 전차가 유사해 육안으로 식별하기 위한 것이라는 설이 가장 설득력 있어 보인다. 다소 원시적이나 어떤 식으로라도 적군과 아군을 구별하는 것이 제대로 싸우기 위한 기본이므로 급하게 전쟁을 시작한 러시아군의 고육지책이 아니었을까 생각한다. 실제로 전투에서 아군 간의 오인 사격으로 사상자가 나오는 사례가 적지 않기 때문에 이는 충분히 설득력 있어 보인다.

블록체인에 기반한 DID로 정확하고 빠른 정보 획득

이처럼 현대전에서 옳고 빠른 정보 획득과 유통은 기본 중의 기본이다. 이러한 문제들을 해결할 방법은 근본적으로 없을까? 사실 이를 해결할 가장 확실하면서도 안전한 방법은 블록체인에 기반한 분산신원증명인 DID Decentralized Identification를 활용하는 것이다. 굳이 암구호를 대면서 서로를 확인하지 않더라도 무기체계에 장착된 DID를 활용하면 자동으로 무기체계와 병력의 피아 구분이 이뤄질 수 있고, 더불어 무기체계 간의 확인도 가능하다.

최초 1세대의 블록체인은 2009년 사토시 나카모토의 「Bitcoin: A Peer-to-Peer Electronic Cash System」이라는 논문을 기반으로 시작됐다. 이후 1세대 기능의 제한성과 처리의 비효율성을 개선하고자 스

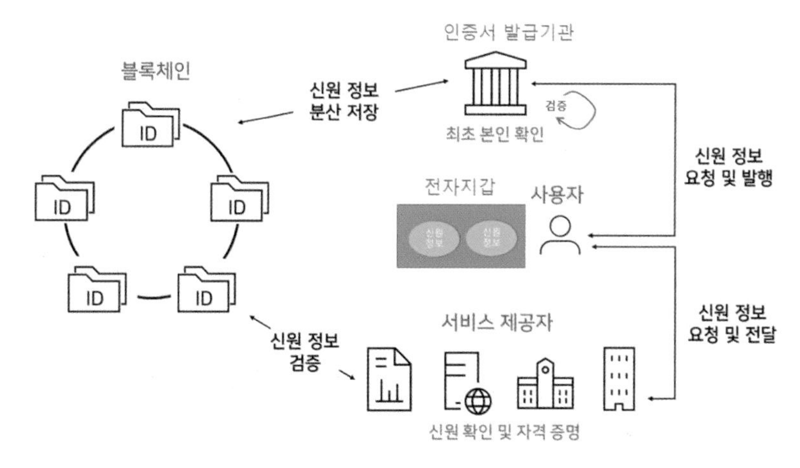

그림 1 분산신원증명 동작 원리

마트 계약을 기반으로 하는 2세대 블록체인이 탄생했는데, 2세대 블록체인 기술은 이더리움Ethereum 블록체인으로 대표된다.

하지만 2세대 기술의 의사결정, 다른 블록체인들과의 상호 운영성 등이 문제가 되어 현재는 확장성Scalability, 상호운영성Interoperability, 지속가능성Sustainability 등의 차별성을 주장하는 3세대 블록체인 기술이 활용되고 있다.

그러나 모든 블록체인은 자체 생태계를 유지하기 위해 코인 또는 토큰으로 불리는 인센티브 제도를 운용하고 있기 때문에 금융 서비스가 아닌 다른 서비스에 활용하기 쉽지 않다.

물론 최근 웹3.0 및 메타버스 환경의 인터넷에서 블록체인 활용성이 점점 커지고 있는 것은 사실이다. NFT Non Fungible Token, 대체불가토큰도 메타버스라는 환경에서 블록체인을 활용하는 것을 전제로 하고 있다. 하지만 기본적으로 거래증명을 기반으로 한 디지털 자산의 거래 서비스로 활용되기 때문에 국방에 직접 활용하는 데는 제한이 있을 수 있다. 그러나 보안성이 확보되는 환경에서 신뢰성에 기반한 디지털 자산 거래 서비스를 확대하는 데 블록체인의 활용성은 점점 커지고 있다.

그렇다면 보안성이 강화된 블록체인에 기반한 어떤 응용이 국방 분야에 가장 먼저 활용될 수 있을까? 그것은 바로 앞서 설명한 DID가 될 것으로 예상된다.

'분산신원증명'으로 불리는 DID는 기본적으로 개인 또는 특정 디바이스의 권한이나 능력 등을 포함한 자격 등을 인증기관으로부터 부여받는다. 이때 인증기관에서 부여받은 정보들도 인증기관의 개인키Private Key와 공공키Public Key를 활용해 디지털 사인이 첨부된 신원인증서를 발급받는다. 각 개인은 개인의 인증서를 스스로 관리하면서 필요할 때 개인키 등을 활용해 암호화를 시행하고 공공키 등을 활용해 확인하는 과정을 거친다. 이러한 분산신원증명인 DID는 발급기관이 발급 사실이나 인증 사실 등을 블록체인에 기록하게 되어 제한된 내용을 제시하면서도 이를 확인한 주체로부터 제한적 서비스나 기능을 제공받는 형태로 운영이 가능하다.

DID는 아직까지는 개인의 이력이나 신분 증명에 활용되는 정도다. 이때 개인이나 기관 등은 여러 개의 DID를 가질 수 있어 차별화된 서비스 활용이 가능하여 기존의 중앙관리식 신분증명과는 차별화된다고 볼 수 있다. 또한 DID의 경우, 개인이 스스로 관리해야 한다는 점이 기존의 신분증명 방식과 다르다고 할 수 있다.

바로 DID의 이러한 특성들을 군 작전 분야에 활용할 수 있다. 기본적으로 부대 단위의 배분이나 혹은 조정이 가능한 개인 전투원 단위로 아이디 부여가 가능해 작전별 또는 무기체계별로 권한의 할당이나 관리가 가능할 수 있다. 블록체인에 기반한 DID 역시 온라인상에서의 개인을 증명하되, 이를 중앙에서 증명하기보다는 개인이 가진 제한된 정보만 제공함으로써 서비스 제공자가 개인의 정보를 모두 갖게 되는 것을 막기 위한 것이었다. 이런 DID를 국방 분야에 잘 활용할 수 있다면 고가의 무기체계를 효율적으로 사용할 수 있을 것이다.

일례로 블록체인에 기반한 DID를 전차 운용에 활용할 수 있다면, 전차들이 블록체인 네트워크의 노드node(네트워크에서 연결 포인트 또는 데이터 전송의 종점 또는 재분배점)가 될 수 있고 각 탱크가 가진, 위조가 불가능한 DID를 기반으로 서로를 증명해 어둠 속 아군과 적군을 식별하거나 멀리 떨어진 아군을 식별해 협동 전투를 하는 게 가능할 것으로 판단된다. 또한 무기체계가 가진 전투 능력이나 기능들을 차별적으로 제공하는 것도 가능해져 적군이 아군의 무기를 노획해 다시 활용하는 것을 제한할 수도 있다.

이처럼 최신 보안 기술 개념을 기반으로 구현할 수 있다면, 제한적이겠지만 국방 분야에도 이 기술의 적용과 활용이 충분히 가능할 것이다. 또한 유사 기술을 활용하고 서비스하는 기업들에는 새로운 시장과 산업으로 가는 길을 열어 주는 계기가 되지 않을까 싶다.

우크라이나와 러시아의 전쟁을 보면서 무엇보다 평화의 중요성과 자주국방의 절실함을 느낀다. 정보기술IT 분야에서 자주국방에 기여할 부분이 무엇일까 생각해 보니 의외로 많은 분야에서 가능할 것 같다. 이번 사태를 계기로 국방 분야에도 많은 아이디어와 열정을 가진 기술 스타트업들이 여럿 생기고 지원되는 생태계가 조성되길 바란다.

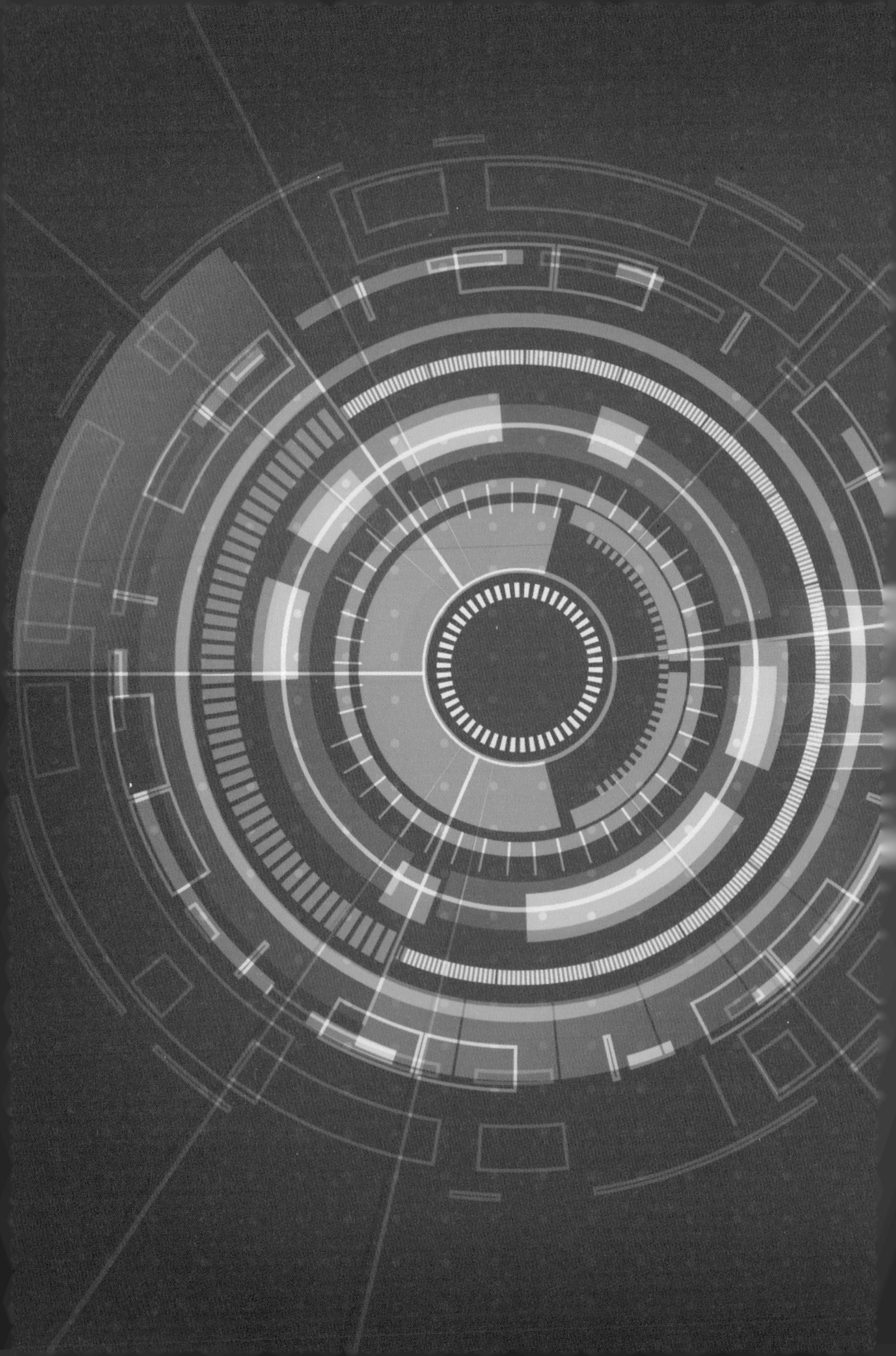

4

미래전 대비를 위한 과학기술

우크라이나-러시아 전쟁으로 본 미래 전쟁 양상

조상근

육군대학 전략학 교관, 정치학 박사
(사)국방로봇학회 교육부회장
(사)미래학회 이사
한국국방기술학회 학술이사

다윗과 골리앗의 싸움

2022년 2월 24일, 러시아가 우크라이나를 전격적으로 침공했다. 전 세계 주요 언론은 러시아의 우크라이나 침공을 대서특필했고, 대부분의 군사 분야 싱크탱크와 군사전문가들은 군사강국인 러시아의 단기속결전을 예상했다. 하지만 우크라이나가 국가 총력전으로 주요 도시를 중심으로 강력하게 저항하자, 러시아군의 공격 기세는 둔화되기 시작했다. 이와 함께 우크라이나에 대한 국제사회의 군사 지원이 지속되자, 러시아군은 3월 중순 작전한계점에 도달하게 되었다. 이로 인해 러시아는 3월 25일부로 우크라이나 전역에서 동남부 지역만을 점령하는 것으로 군사작전 목표를 축소하게 되었다.

이후 4월부터 러시아군은 2015년 돈바스 전쟁의 결과로 실효지배하게 된 도네츠크Donetsk·루간스크Luhansk 주를 중심으로 공격 작전을 재개했다. 러시아군은 강력한 화력 전투를 7월까지 이어 나간 결과 우크라이나 전체 영토의 1/5에 해당하는 동남부(돈바스) 지역 대부분을 점령하게 되었다.

하지만 러시아군의 공격은 탄약 부족으로 8월 중순 다시 작전한계점에 도달하게 되었다. 우크라이나군이 고기동포병로켓시스템HIMARS의 모조품을 곳곳에 노출시켜 러시아군의 탄약 소비를 가속화했고, 특수작전부대를 투입하여 러시아군의 지속지원 시설을 집중적으로 타격했기 때문이다.

이처럼 러시아군의 공격이 멈추게 되자, 우크라이나군은 반격 작전 여건을 조성하기 위한 다양한 활동을 전개했다. 우선, IT 부대와 지상군은 8월부터 러시아군의 군사 위성을 해킹하고 근접 전투 지역에서 전자전을 실시하여 러시아군의 무인기 운용을 방해했다. 다음으로, 공군은 대레이더 미사일(AGM-88 HARM)로 러시아군의 레이더를 무력화시켰다. 또한 특수작전부대는 자폭 드론(Switchblade 300·600)으로 러시아군 지휘소를 집중적으로 타격했다. 이와 함께 총참모부는 전군에 '전자파 발생 최소화' 지침을 하달해 반격 작전을 수행하는 주요 부대의 활동을 은·엄폐했다.

우크라이나군은 9월 6일부터 반격 작전을 개시했다. 우크라이나군 예하 부대들은 순식간(9월 10일경)에 120km를 돌파하여 러시아군 지속지원의 중심지인 이지움Izyum과 철도 교통의 요충지인 쿠퍈스크Kupiansk를 점령했다. 후방 보급로를 차단당한 러시아군은 서둘러 철수할 수밖에 없었다. 젤렌스키 대통령은 성명을 통해 우크라이나군은 상실했던 영토를 되찾아 가고 있으며, 반격 작전은 계속될 것이라고 발표했다.

하지만 불확실성으로 가득찬 전쟁에서는 공격과 방어의 주체가 수시로 바뀌게 마련이다. 따라서 이번 전쟁이 끝날 때까지 다윗과 골리앗의 공방은 이어질 것으로 전망된다.

우크라이나 전장에 나타난 미래 전쟁 양상

전 세계 군사강국들은 미래 전장의 불확실성에 선제적으로 대비하기 위해 다양한 형태의 미래 전쟁 모습을 그리고 있다. 「국방비전 2050」과 「육군 비전 2050」에도 미래 전쟁 양상이 언급되어 있다. 다영역작전Multi-Domain Operation, 모자이크전Mosaic Warfare, 유·무인 복합전Manned & Unmanned Teaming Warfare 등이 대표적이다. 이것들은 다음 〈표 1〉과 같은 특징과 효과를 지니고 있다.

표 1 대표적인 미래 전쟁 양상의 주요 특징과 효과

구 분	주요 특징	효 과
다영역작전	• 지상, 공중, 해상, 우주, 사이버·전자기 영역을 동시에 활용	전투력의 시너지 창출
모자이크전	• AI의 결심지원과 초연결 네트워크 기반으로 다영역에서 활동하는 '감시-결심-타격' 수단을 실시간 이합집산	상대 지휘통제 마비, 상대보다 빠른 작전 속도 유지
유·무인 복합전	• 유인체계와 무인체계의 협업으로 인간의 생물학적 한계 극복	전투 효과성 극대화, 전투원 생존성 강화

이번 우크라이나-러시아 전쟁(이후 '우-러 전쟁')에서도 〈표 1〉과 같은 미래 전쟁 모습이 나타나고 있다. 특히 첨단 과학기술을 덧입은 우크라이나군은 전술적 수준에서 다영역을 활용하고, '감시-결심-타격'

주기를 단축하며, 무인체계를 효과적으로 운용하는 모습을 보여주고 있다. 이와 같은 모습은 브로바리Brovary 전투, 세베르스키도네츠Seversky Donets 도하 전투 및 크름반도·돈바스 지역 병참선 타격 작전 등에서 나타났는데, 각각의 구체적인 내용은 다음과 같다.

다영역작전 : 브로바리 전투(2022.3.9)

러시아군은 우-러 전쟁 초기 우크라이나의 수도 키이우를 점령하기 위해 벨라루스에서 남진했다. 러시아군의 선두 대대전술단BTG은 종대 대형으로 키이우 북동쪽 25km 지점인 브로바리 시가지에 진입했다. 당시 브로바리 일대에 매복하고 있던 우크라이나군 특수작전부대는 감청 장비(IMSI Catcher)와 드론을 운용하여 러시아군의 진출 현황을 실시간 파악하고 있었고, 스페이스X가 제공하는 스타링크 인터넷 서비스로 포병부대와 실시간 표적 정보를 공유했다.

러시아군 BTG가 브로바리 시가지에 진입하는 순간 우크라이나군은 선두와 후미에 대전차 미사일 공격을 가했다. 이로 인해 BTG는 밀집된 상태로 브로바리 시가지에 정체되었다. 우크라이나군은 드론에 장착된 레이저로 BTG 전차와 장갑차를 표지하고 반자동 레이저 호밍 기술로 유도되는 스마트포탄으로 정밀타격했다. 이와 함께 기동형 전자전 장비의 재밍을 통해 BTG의 즉각 조치 사격과 질서정연한 퇴각을 방해했다. 그 결과, BTG는 상당한 피해를 입고 무질서하게 브로바리 시가지를 떠날 수밖에 없었다.

표 2 브로바리 전투 시 우크라이나군이 활용한 영역

구 분	주요 전투 활동
지 상	• 특수작전부대의 대전차 미사일 공격 • 스마트포탄으로 BTG 전차·장갑차 정밀타격
공 중	• 드론을 운용해 실시간 BTG 감시 • 스마트포탄 유도 시 레이저 표지
전자기	• BTG 통신 및 휴대폰 통화 내용 감청 • 기동형 전자전 장비 재밍으로 BTG 지휘통제 일시 마비
우 주	• 스타링크 서비스를 활용해 실시간 표적 정보 최신화

이와 같은 전투 경과를 봤을 때, 우크라이나군은 위 〈표 2〉처럼 지상, 공중, 전자기 및 우주 영역에서 무기체계를 동시에 운용했다는 것을 알 수 있다. 반면, BTG는 우크라이나군의 휴대용 대공 미사일과 기동형 전자전 장비로 인해 공중 정찰 및 엄호가 제한되는 상황이었다. 즉, 우크라이나군은 러시아군보다 많은 영역을 활용함으로써 전투력의 시너지를 창출한 것이다. 이에 따라 우크라이나군이 수행한 브로바리 전투는 전술적 수준에서 다영역작전을 수행한 것으로 평가할 수 있다.

모자이크전 : 세베르스키도네츠 도하 전투(2022.5.12)

러시아군은 3월 25일부로 군사작전 목표를 우크라이나 남동부 지역 점령으로 한정하고 공격을 재개했다. 그리고 4월 중순부터 강력한 화력으로 점령 지역을 서쪽으로 확장해 나갔다. 이로 인해 리시칸스크

Lysykansk를 중심으로 방어 중인 우크라이나군 북쪽과 남쪽으로 종심 깊은 돌파구를 형성했고, 러시아군은 우크라이나군 주력의 퇴로를 차단할 수 있는 호기를 잡게 되었다.

러시아군이 동쪽으로 돌출된 우크라이나군 주력의 퇴로를 차단하기 위해서는 세베르스키도네츠 강을 북쪽에서 남쪽으로 도하하여 기동해야만 했다. 하지만 당시 이 지역을 방어하고 있던 우크라이나군 87차량화보병 여단은 국제사회가 제공하는 위성 정보, 민간에서 제공하는 감청 정보, 자체 운용하는 드론 정찰 등을 통해 러시아군의 의도를 간파하고 있었다.

이들은 러시아군이 부교를 설치하는 동안 정찰대와 드론을 운용해 도하 지점 주변에 위치한 BTG 활동 상황을 실시간으로 확인했다. 이후 우크라이나군은 BTG의 도하를 감시하면서 러시아군 전차·장갑차·전술차량 등의 위치를 전장정보관리체계인 GIS-Arta로 최신화했고, 이 정보는 스타링크를 통해 실시간으로 자체, 인접 및 상급 부대의 화력 자산에 할당되었다.

BTG 전력의 2/3가 강을 건너자 우크라이나군은 통합 화력을 운용하기 시작했다. 87차량화보병 여단은 정찰대의 대전차 미사일 공격으로 BTG 진출을 가로막았다. 또한 드론의 레이저 표지로 유도되는 스마트포탄은 도하 직전에 있는 BTG 후미를 정밀타격했다. 이로 인해 도하 중이던 BTG는 도하 지역에 정체될 수밖에 없었다. 이와 동시에 인접 부대의 포병과 상급 부대의 공격 드론이 BTG 본대를 정밀타격하기 시작했다.

당시 우크라이나군은 기동형 전자전 장비를 운용함으로써 BTG의 드론 운용을 방해했다. 또한 통합화력 운용 시 지휘통제를 일시적으로 마비시켜 BTG의 조직적인 대응에 혼란을 가중시켰다. 그 결과, 러시아군 전차·장갑차·전술차량 등 73대가 파괴되었고, 1,000명 이상의 전사자가 발생했다.

표 3 세베르스키도네츠 도하 전투 시 우크라이나군의 '감시-결심-타격' 체계

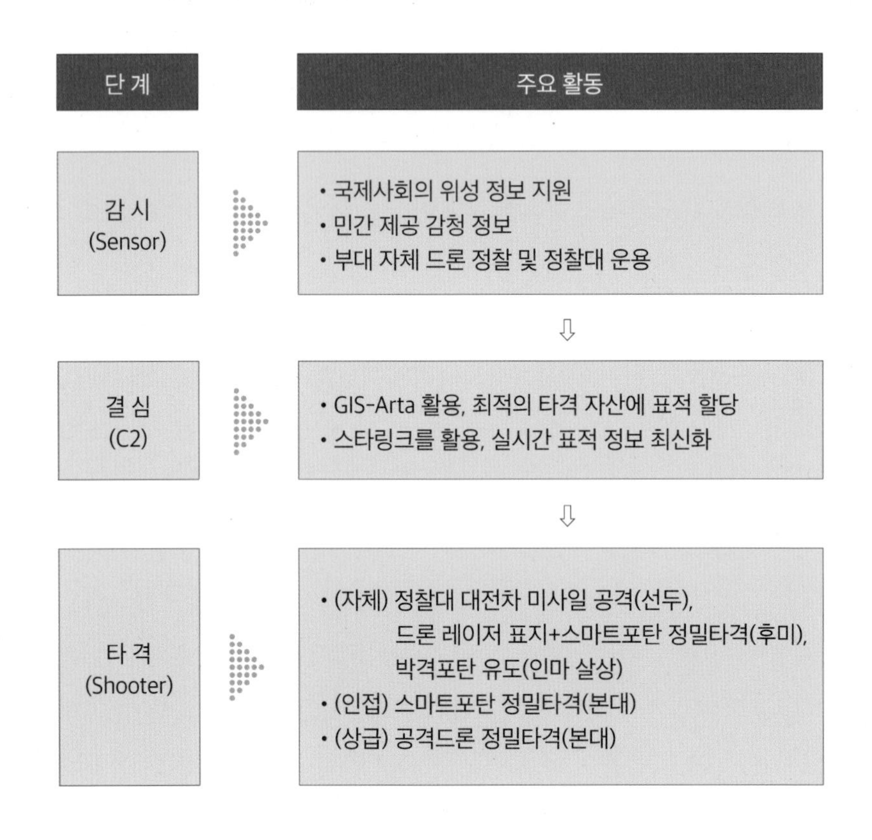

단 계	주요 활동
감 시 (Sensor)	• 국제사회의 위성 정보 지원 • 민간 제공 감청 정보 • 부대 자체 드론 정찰 및 정찰대 운용
결 심 (C2)	• GIS-Arta 활용, 최적의 타격 자산에 표적 할당 • 스타링크를 활용, 실시간 표적 정보 최신화
타 격 (Shooter)	• (자체) 정찰대 대전차 미사일 공격(선두), 드론 레이저 표지+스마트포탄 정밀타격(후미), 박격포탄 유도(인마 살상) • (인접) 스마트포탄 정밀타격(본대) • (상급) 공격드론 정밀타격(본대)

이와 같은 전과는 〈표 3〉처럼 우크라이나군이 실시간 적정을 최신화하면서 감시Sensor, 결심C2 및 타격Shooter을 거의 동시에 실시할 수 있는 GIS-Arta와 스타링크로 구성된 전장정보관리체계를 갖췄기 때문에 가능한 것이었다. 결국 우크라이나군은 세베르스키도네츠 도하 전투에서 '센서 투 슈터Sensor to Shooter'에 가까운 전술적 수준의 모자이크전을 수행한 것으로 볼 수 있다.

유·무인 복합전 : 크름반도·돈바스 지역 병참선 타격작전(2022.8) *

러시아군의 공격 기세는 본토에서 지속지원이 단절되면서 7월 말부터 급격하게 둔화되기 시작했다. 이때 우크라이나군은 공세 이전의 여건을 조성하기 위해 〈표 4〉와 같은 편성의 특수작전부대를 러시아군 점령 지역인 크름반도와 돈바스 지역에 광범위하게 침투시켰다. 이들은 주로 스위치블레이드Switchblade 300·600 같은 자폭드론으로 러시아군 병참선 상의 주요 시설을 집중적으로 타격했다.

정찰분대가 적진에 침투해 은거지를 형성한 후, 정찰팀은 적정을 파악하기 위해 PUMA를 운용했고, 타격팀은 정찰팀 주변을 경계하면서 10km 이내의 적을 SB300으로 정밀타격했다. 그리고 지원분대는 PUMA에서 실시간 전송되는 탄약고·유류고·보급시설 등을 SB600으로 정밀타격했다. SB600은 GPS로 최대 90km까지 운용할 수 있기 때문에 지원분대의 생존성은 강화되었다.

타격분대는 PUMA에서 실시간 제공하는 적정을 확인하면서 종

---

* 이 부분은 군 저널에 게재한 연구 논문의 일부를 발췌 및 정리한 것이다(조상근, 「드론을 활용한 우크라이나군의 유·무인 복합 특수작전부대 연구」, 『특수작전지』 12호, 2022).

표 4 특수작전부대 편성(예)

본부
(지휘관, 통신담당, SO)

* SO : System Operator
* SB : 스위치블레이드
* PUMA : 정찰드론

타격분대		정찰분대		지원분대	
타격분대장		정찰분대장		지원분대장	
정찰팀장	타격팀장	정찰팀장	타격팀장	타격팀장(A)	타격팀장(B)
정보작전	SB300 사수 (정보작전)	PUMA 사수 (정보작전)	SB 300 사수 (정보작전)	SB600 사수 (정보작전)	SB600 사수 (정보작전)
폭파	SB300 부사수 (폭파)	PUMA 부사수 (폭파)	SB300 부사수 (폭파)	SB600 부사수 (폭파)	SB600 사수 (폭파)
경계(통신)	경계(의무)	경계(통신)	경계(의무)	경계(통신)	경계(의무)

심으로 기동했다. 예하 정찰팀은 지속지원 관련 핵심 표적을 식별함과 동시에 그 규모에 따라 지원분대와 타격팀으로부터 각각 SB600과 SB300을 유도했다. 타격팀의 경우, 자체 편성한 SB300으로 핵심 표적을 정밀타격했다. 이들은 여러 개의 핵심 표적을 타격할 경우 스타링크를 활용하여 TB-2 공격 드론, HIMARS 등과 같은 상급부대 자산을 동시에 운용했다.

이처럼 우크라이나군의 특수작전부대는 8월에 앞서 말한 방법으로 자폭 드론과 상급부대 타격자산을 운용해 러시아군 병참선을 집중적으로 타격했다. 이와 같은 특수작전부대의 활동이 축적되어 우크라이나군은 9월 초 반격 작전을 할 수 있게 된 것이다. 따라서 우크라이나군의 특수작전부대는 유인체계와 무인체계의 협업을 통해 비접촉 유·무인 복합전을 수행했다고 평가할 수 있다.

시사점

우크라이나군은 이번 우-러 전쟁에서 러시아군을 상대로 선전하고 있다. 이 과정에서 우크라이나군은 다영역을 활용하고, '감시-결심-타격' 주기를 단축하며, 유인체계와 무인체계의 협업을 통해 전투력의 시너지를 창출하고 있다. 한마디로 우크라이나군은 미래 전쟁 양상인 다영역작전, 모자이크전, 유·무인 복합전 등을 전장에서 구현하고 있는 것이다.

이와 같은 우크라이나군의 모습에서 가장 눈에 띄는 점은 재래와 첨단 기술, 군과 민간, 그리고 자국과 국제사회의 전력을 융복합했다는 것이다. 우크라이나군은 하이로우 믹스High-Low Mix, 민군 융합, 나아가 군사협력을 통해 러시아군과의 전력 차이를 극복하면서 미래 전쟁의 모습을 가시화해 나가고 있다.

이처럼 미래 전쟁은 현재의 연속선상에 있다. 군이 국내 민간 부문, 국제 글로벌 기업, 국제사회 등과 협력하여 부족하거나 아직 전력화되지 않은 것을 채우거나 대체한다면 얼마든지 미래 전쟁 수행 시기를 앞당길 수 있다. 앞서 언급한 민간 감청 정보, 스페이스X의 스타링크 서비스, 국제사회의 위성 정보 등이 대표적인 사례다.

전 세계에는 우크라이나와 유사한 안보 환경에 직면한 지역이 많다. 미국과 중국이 첨예하게 대립하고 있는 대만이나 치명적인 대량살상무기WMD를 보유하고 있는 북한이 자리를 잡고 있는 한반도가 여기에 속한다. 이들은 앞서 말한 우크라이나군의 모습에서 다가오는 도전이나 직면한 위협을 상쇄할 수 있는 방안을 찾을 수 있을 것이다.

군 통신망 통합·무인화로 전력 극대화

윤경용
페루 산마틴대학교 석좌교수
한국국방기술학회 학술이사

군 통신망 통합·무인화
군 전력 극대화에 공헌

옛날 사람들은 먼 곳까지 소식을 전하기 위해 다양한 방법을 사용했다. 고대의 가장 대표적인 통신 수단은 횃불과 연기였다. 다른 통신 방법으로는 파발 제도와 비둘기 발목에 메시지를 매달아 보내는 전서구 통신 등이 있었다. 이러한 원시적 통신 방법은 모스 부호로 유명한 'S. F. B 모스'가 유선통신 체계를 발명하면서 사라지게 됐다. 무선통신은 '마르코니'가 발명했다고 알려졌으나 실제로는

우리나라 최초의 군사전용 통신위성 아나시스-II를 실은 팰컨9 로켓이 2020년 7월 21일 미국 플로리다주 케이프커내버럴 공군기지에서 발사되는 모습(출처 : 방위사업청)

'테슬라'가 2년 앞선 1897년에 개발하여 특허를 취득했다. 이로써 무선통신의 실용화가 급격히 진행됐는데, 그 이유는 바로 전쟁에서의 필요 때문이었다.

최근 정보통신기술ICT과 사물인터넷IoT 기술이 비약적으로 발전함에 따라 군 통신 분야에서도 그 발전 양상이 변하고 있다. 냉전 시대만 해도 정보통신기술은 국방 분야에서 최고 기술을 보유했고, 해당 기술이 보편화되어 민간에 이전되는 스핀오프spin-off를 통해 민간의 기술 수준을 향상시켰다. 그러나 민간의 무선통신 기술이 비약적으로 발전하면서 이제는 민간 기술이 국방에 활용되는 스핀온spin-on 양상이 나타났다. 이에 따라 국방과학기술 분야에서도 개방형 기술혁신 개념을 적용해야 한다는 목소리가 높아지고 있다.

우리나라에서 1990년대 육군의 전술통신체계 '스파이더SPIDER'가 막 도입되던 시점의 국방 분야는 민간 통신 기술과는 상당한 격차가 있었다. 그러나 민간 이동통신 기술이 무서운 속도로 발전해 스파이더가 군에 배치되는 시점이 되자, 결국 기술 격차가 역전되고 말았다. 물론 도입 당시의 스파이더는 적절하고 훌륭했으나 16Kbps~4Mbps의 느린 전송 속도로 군의 지휘통제통신 시스템인 C4I 체계를 운용하는 것은 불가능에 가까웠다. 스파이더에 너무 의존한 측면도 없지 않지만 애초에 아날로그 기반 통신 체계의 한계를 인식하지 못했고, 음성 위주의 느린 속도와 데이터가 분리되는 것을 간과하는 오류를 범했다. 이로 인해 작전 상황에 필요한 실시간 동영상 전달과 지휘통제 등을 위한 영상회의 개최에 상당한 제약을 받았다.

이를 해소하기 위해 2000년대를 넘기면서 우리 군은 전술정보통신체계TICN:Tactical Information Communication Network 개발을 시작해 다원화된 군 통신망을 일원화하고 다양한 전장 정보를 적시적소에 실시간으로 전달해 정확한 지휘통제 및 의사결정을 가능케 하는 시스템 개발을 추진했다. 또한 전시 상황에서도 끊김 없이 음성과 데이터를 전달할 수 있고, 전시에 유·무선망이 파괴되더라도 군 C4I 체계를 유지하기 위해 군 작전 차량에 탑재된 이동기지국과 데이터를 기간망으로 연결하는 이동형 무선 백홀Backhaul 기술을 적용했다.

러시아-우크라이나 전쟁에서 볼 수 있듯이, 현대의 국방력은 병력과 무기 수 등 단순한 양적 우위가 아닌 무기의 질적 수준과 이를 효과적으로 전개할 수 있는 첨단화된 전술운용지원체계 확립에 좌우된다. 따라서 TICN 도입은 네트워크 중심의 미래 전장에 대응한 전술 통합 운용 및 전투 역량 극대화에 기여할 것으로 보고 있다.

그러나 우리나라는 TICN를 도입하는 데 근본적 어려움이 있다. 우리나라의 지형적 특성으로 인해 발생하는 통신 가시선 확보 문제 때문이다. 이로 인해 전술 단위 부대에 대한 적시적 전술통신 운용에 제한이 생길 수 있으며, 다단계 중계 노드로 인한 통신 지연 문제와 서비스 지역 이탈 시 통신 두절, 다른 장비로의 자동 핸드오버*가 불가능한 점 등이 숙제로 남아 있다.

TICN 핵심 장비로는 전송 장비, 이동기지국과 통신 장비, 전투 무선 장비 등이 있으나 무엇보다도 중요한 것은 전원 장비다. 앞서 말한 상황에서 전원 장비가 갖춰야 할 핵심 요소는 소음 최소화와 전원 공

* 핸드오버 : 통화 중 상태인 이동단말(mobile station)이 해당 기지국 서비스 지역을 벗어나 인접 기지국 서비스 지역으로 이동할 때 단말기가 인접 기지국의 새로운 통화 채널에 자동 동조되어 지속적으로 통화 상태가 유지되는 기능

급 시간 극대화다. 현재 군에서 운용 중인 경유 발전기는 경유 보급도 문제지만 더 큰 문제는 엄청난 소음이다. 이로 인해 아군의 통신소 위치가 드러난다면 공격 표적이 될 것이기 때문이다. 따라서 소음이 없는 고효율 연료전지 도입이 시급하다.

비싸고 느린 위성통신망을 대체해 가는 저궤도 통신위성 '스타링크'

얼마 전까지만 해도 군 통신망은 폐쇄적 유선통신망을 기반으로 했다. 그러나 민간 영역이 초연결 사회에 진입함에 따라 군 영역도 점차 무선통신망으로 진화해 현재는 무선통신 위주의 지상통신망과 원거리 작전 수행을 위한 위성통신망으로 구성되어 있다.

유선기지국 기반의 민간 이동통신망과 달리, 군 통신망은 전투 전력의 이동 전개 시 통신망을 지원하기 위한 실시간 통신 환경을 구축해야 한다. 현재와 같은 '이동 후 설치At The Halt' 개념은 전력의 이동 속도에 맞추기 어려워 '이동 간 통신On The Move' 개념을 적용해야 하지만, 우리나라의 지형적 특성상 무선통신의 거리 제약이 발생한다. 위성통신망은 지상통신망에 비해 지형적 제약에서 자유로우나 통신 용량이 제한적이고 재밍에 노출될 가능성이 크다. 또한 전용 단말기와 안테나의 물리적 크기도 약점으로 작용한다.

TICN의 또 다른 한계는 미군의 글로벌 정보 그리드, 즉 GIGGlobal Information Grid와 같이 완전한 우주 요소가 지원되기 위해서는 시간이 더 필요하다는 점이다. 물론 민·군 공용 통신위성으로 아나시스-I (무궁

화위성 5호)을 활용하고 2020년 최초의 군사 전용 통신위성 아나시스-II를 발사해 운용성이 보장됐으나, 이를 통합 운용할 소프트웨어 체계와 운용 가능한 휴대형 위성통신 체계의 단말 등은 아직 보편화하지 않았기 때문이다. 특히 아나시스 위성은 정지 궤도인 3만 6,000km에 있어 0.5초의 통신 지연이 발생하므로 실시간 통신보다 난청 지역 해소나 통신 중계에 더 적합하다. 따라서 전장 상황을 대비하기 위해 저궤도 위성, 무인 항공기, 비행선 등을 활용한 광역화된 실시간 통신 체계 구축을 고려해야 한다.

대표적 저궤도 통신 전용 위성으로 '스타링크'가 있다. 스타링크는 기존 위성통신망의 단점을 개선한 새로운 개념의 인터넷용 위성이다. 비싸고 느린 데다 지연 시간이 긴 기존 위성통신망을 획기적으로 대체하기 위해 대략 4만 2,000개의 위성을 저궤도인 350~570km에 발사, 전 세계 어디서나 최대 1Gbps의 초고속인터넷을 서비스하려는 것이다.

현재까지 2,300개가 발사된 스타링크 위성은 민간뿐만 아니라 미 육군·공군·우주군도 이를 활용하기 위해 협력 계약을 진행하고 있다. 특히 우주군은 극초음속 탄도미사일 탐지 및 추적 분석에 스타링크 위성을 활용하는 방안을 구상하고 있다.

현대전은 네트워크 중심전NCW : Network Centric Warfare이다. NCW에 대응하는 통합전술체계는 군 통신체계 기반 위에 우주·공중·지상 및 해상 계층의 통신망이 유기적으로 결합한 다차원 통합통신망 구조로 구축되어야 한다. 아나시스-II 위성은 군사 전용 위성이지만 군 통신 환경에 효과적으로 적용하기엔 스타링크에 비해 한계점이 분명하므로 저궤도 위성에 대한 면밀한 검토, 또는 이를 대처할 공중통신망 구축 방안과 통신 관점에서의 효과에 대한 분석 및 시뮬레이션이 필요하다.

군 병력의 급격한 감소가 예상되는 시점에서 이를 대체하기 위한 무기체계의 고도화뿐만 아니라 군 통신망의 통합화와 무인화를 앞당겨야 할 필요성이 커지고 있다. 최적화된 군 전술통신망과 조속한 무인체계를 활용한 통신망 구축 및 통합 사업이야말로 막강한 우리 군의 전력을 유지하는 데 커다란 공헌을 할 것으로 기대된다.

미래 전장은 유무인협업 (MUM-T) 시대

조이상
한성대학교 기계시스템공학과 교수
한국국방기술학회 학술이사

유무인협업이란?

유무인협업MUM-T: Manned and Unmanned Teaming이란 유인전투체계와 무인전투체계가 협업을 통해 한 팀을 이루어 시너지 효과와 운용 효율성을 높이는 차세대 전술 체계다. 유무인협업은 단일 전투 체계를 통해 얻게 되는 전투 효과 이상의 시너지를 통해 생존성 향상, 치명성 강화 및 지속성 증대 등의 효과를 거둘 수 있다.

한국군의 미래 전장 환경

한국군의 미래 전장 환경은 최근 사회 문제로 대두하고 있는 저출산 및 고령화에 따른 병력 자원 감소로 인해 육군의 경우 많은 수의 부대가 감축될 것이며, 미래전에서는 감축된 병력이 수행하던 임무를 대체해 줄 수 있는 무인전투체계의 군사적 운용이 확대될 수밖에 없다.

한국의 현재 상황을 보면, 많은 가정이 한 자녀 가정이다. 이는 우리 병사 한 명이 피해를 당하면 한 가정의 피해로 이어질 수 있다는 것을 의미한다. 따라서 다양한 안보 상황에서 인명 피해를 최소화하는 것은 전쟁을 대비하고 준비하는 측면에서 가장 핵심적인 고려 사항이 되고 있다.

미래 전장에서는 첨단 정보 매체의 등장으로 정보 공간에서 우위를 확보하기 위한 정보 작전의 중요성이 커지고 있다. 앞으로 적의 표적 관련 정보를 실시간으로 전달하고 분석·판단하는 첨단 인공지능 지휘통제체계가 등장하여 지휘관은 많은 시간이 걸리던 지휘 결심을 단 몇 분 안에 처리할 수 있게 될 것이다.

미래전 양상과 미래 전장 환경의 변화에 따라 무인전투체계의 필요성이 증대되면서 전쟁에서 인명 손실 최소화와 전투의 효율성은 매우 중요한 요소가 되었다. 무인전투체계는 주로 실시간 감시·정찰 및 통신 중계, 지뢰 및 폭발물 제거, 해안 침투 방어 및 기뢰 제거 등에 활용되어 왔다. 최근에는 적 공격 또는 자폭 공격까지 수행하며 적진에서 아군의 인명 피해를 최소화하고, 피탐 가능성을 낮추는 스텔스 기술을 적용함으로써 생존성이 크게 높아지는 추세다.

유무인협업의 발전

유무인협업은 2000년대 초반 미 공군이 아프가니스탄에서 고가치 표적을 공격할 때 발견한 문제점을 보완하기 위해 도입한 개념이다.

최초의 유무인협업 사례는 중무장 항공기 AC-130 건십과 MQ-1 프레데터Predator 무인기의 조합·운용이다. 최초의 유무인협업 작전에서 프레데터 무인기는 전자광학·적외선EO/IR 카메라를 통해 획득한 영상 정보를 실시간으로 AC-130에 전송했고, 이 영상 정보를 바탕으로 AC-130은 고가치 표적을 정확하게 공격할 수 있었다.

미 육군은 아프가니스탄 전쟁에서 AH-64 아파치Apache 공격헬기의 생존성과 공격 능력을 높이기 위해 AH-64 아파치 공격헬기와 MQ-1C 그레이 이글Grey eagle 무인기를 조합하여 시험 운용했다. 그 결과 아파치 공격헬기의 피해율이 획기적으로 낮아졌고, 적을 타격하는 공격 능력이 향상되는 성과를 거두게 되었다.

독일은 2018년에 벨Bell 사의 UH-1D 이로쿼이스Iroquois 유인헬기와 UMS 스켈다르Skeldar 사와 제휴업체 ESG사가 제작한 R-350 무인헬기를 이용하여 MUM-T 시연 비행을 실시했다.

또 프랑스는 2018년에 에어버스Airbus 사의 H145 유인헬기와 오스트리아 쉬벨Schiebel 사의 캠콥터Camcopter S-100 무인헬기를 이용하여 유무인협업을 시연했다.

호주 해군도 2019년에 MH-60R 해상작전헬기와 보잉-인시투Boeing-insitu 사의 스캔이글Scan Eagle 무인기를 이용해 유무인협업을 시연했다.

6세대 전투기의 기본 사양, 유무인협업

유무인협업은 현재 군사강국으로 평가받는 국가들이 개발하고 있는 6세대 전투기의 기본 사양이 되었다. 최근 미국을 비롯한 러시아, 영국, 프랑스, 독일, 스페인, 이탈리아, 그리고 중국과 일본 등 군사강국으로 평가받는 대부분의 나라들이 6세대 전투기를 개발하고 있다. 6세대 전투기는 인공지능, 유무인기 복합 운용, 극초음속 엔진, 360도 전방위 공격이 가능한 레이저 무기, 저피탐(스텔스) 성능 향상, 고용량 네트워크 기능 및 전자전기에 맞먹는 전파방해(재밍) 기능 등의 개념이 추가되고 있다.

미국은 2019년 유인 스텔스 전투기인 F-22 랩터Raptor 및 F-35 라이트닝Lightning Ⅱ와 무인 전투기인 XQ-58A 발키리Valkyrie 간의 통신 중계 시험을 실시했다. 이 통신 중계 시험은 F-22 전투기와 F-35 전투기 간의 정보를 XQ-58A 발키리의 새로운 통신 데이터 게이트 웨이를 통해 F-22 전투기와 F-35 전투기가 은밀하게 주고받을 수 있는지를 테스트한 것이다. 향후 미 공군은 적의 방공망 지역에 F-22 전투기 및 F-35 전투기보다 무인 전투기인 XQ-58A 발키리를 먼저 투입하여 적 진영에 대한 정찰을 수행하거나 레이더 및 방공무기를 제거하는 임무를 수행할 것으로 예측된다.

러시아도 유무인협업 개념 도입을 서두르고 있다. 러시아판 로열 윙맨Loyal Wingman인 S-70 오크호트닉Okhotnik-B는 2024년 러시아군에 인도되어 Su-57 전투기와의 유무인협업을 수행할 것으로 전망된다. S-70 오크호트닉-B는 5세대 전투기인 Su-57과 함께 임무를 수행하면서 탐지 범위를 확대하고, 스텔스 성능을 이용한 은밀 침투를 통해 표적 정보도 전송하는 임무를 수행할 전망이다.

한편 호주 공군은 2020년 5월 로열 윙맨 시제기를 처음 선보였다. 보잉과 손잡고 개발한 로열 윙맨은 향후 호주 공군의 F/A-18F, F-35A 전투기를 비롯해 EA-18G 전자공격기, E-7A 공중조기경보기, 그리고 P-8A 해상초계기 등과 함께 유무인협업 임무에 투입될 예정이다. 특히 호주 공군의 로열 윙맨은 유인항공기가 임무를 지시하면 인공지능을 기반으로 자율적으로 임무를 수행할 예정이다.

모자이크전과 킬웹 개념

모자이크전Mosaic Warfare은 2017년 8월 미 국방부 산하 핵심 연구개발 조직 중 하나인 방위고등연구계획국DARPA이 제시한 개념으로, 미군이 미래전에서 승리하기 위해 인공지능과 자율무인 체계를 적극 활용하여 작전 수행 방식의 틀을 유인전투 체계 위주에서 유무인협업 체계로 바꾸는 혁신적인 개념이다.

미군이 모자이크전과 같은 새로운 전쟁 수행 방식을 고민하게 된 가장 큰 이유는 그동안의 압도적인 군사적 우위를 상실하고 있다는 위기감에서 비롯된 것이다. 또한 모자이크전은 인공지능과 자율무인 체계를 활용하여 적이 효과적으로 대응할 수 없을 정도로 다양한 공격 방식을 만들어 적의 의사결정 체계를 무력화하는 의사결정 중심전의 한 가지 접근 방식이다.

모자이크전의 개념은 기존의 무기체계를 모자이크 타일처럼 하나가 훼손되더라도 임무 목적 달성에 영향을 미치지 않고, 인공지능을 통해 실시간으로 유무인 전투체계를 분산 및 조합하여 역동적인 네트워크를 구축하는 것이다. 즉 기존의 전력을 지휘통제C2, 탐지Sense, 타격Act 체계로 세분화하여 융통성 있는 조합을 구성하는 적응형 킬웹Adaptable Kill Web을 구성함으로써 지휘통제는 유인전투체계가 수행하고 탐지 및 타격은 무인전투체계를 활용한다는 개념이다.

앞으로 육군은 소형 및 중형의 무인 항공기UAV와 무인 지상차량UGV들 위주로 자체 탐지 능력과 방어 및 군수 지원 능력이 향상된 적응형 킬웹을 구성할 수 있다. 해군은 구축함 한 척에 여러 척의 무인 수상정USV으로 구성된 유령 함대ghost fleet 개념으로 적응형 킬웹을 구성할 수 있다. 그런가 하면 공군은 한 대의 유인전투기를 주축으로 미사일과 센서 등을 탑재한 여러 대의 무인 항공기로 구성된 적응형 킬웹을 구성할 수 있다.

유무인협업의 향후 발전 방향

유무인협업은 항공기에만 국한되는 개념이 아니다. 바다에서는 이지스함 등 유인 전투함과 무인 수상정, 중대형 잠수함과 무인 잠수정 등에 동일하게 적용되는 개념이다. 지상에서는 유인 전차와 무인 전차, 보병전투장갑차와 지상 전투로봇이 유·무인 '연합작전'을 펼치게 된다. 그리고 해병대 상륙작전에서도 상륙돌격장갑차와 무인 상륙돌격장갑차가 유·무인 '연합작전'을 수행할 수 있다.

유무인협업에 필요한 기술은 크게 체계통합기술, 데이터링크 기술 및 자율화 기술로 나눌 수 있다.

체계통합기술은 유인전투체계와 무인전투체계의 협업 기능을 수행하는 데 필요한 기술로, 시스템 아키텍처 기술과 인터페이스 기술, 통신 프로토콜 기술 등이 있다.

데이터링크 기술은 영상 데이터와 메타 데이터를 단절 없이 실시간 공유할 수 있게 하는 기술이다. 데이터링크 기술을 통해 대용량 정보를 송수신할 뿐만 아니라, 다대다多對多 데이터링크를 통해 정보를 여러 명이 공유할 수 있다.

자율화 기술은 무인전투체계의 자율 항법, 자율 임무관리, 자율 상황인식, 자율 의사결정 등을 통해 유인전투체계의 임무를 경감시키고 인력 활용의 효율성을 높이는 기술이다.

그 밖에 유무인협업체계 구축을 위해 주파수 보안 기술, 충돌 회피 기술 및 적의 전파 방해, 전자 간섭, 전파 공격을 방어할 수 있는 항재밍 기술 등도 필요하다.

미래 유무인협업 운용을 위해서는 무인전투체계의 향후 발전 방향을 예측하는 것이 무엇보다 중요하다. 현재는 무인기를 원격제어하는 수준에서 무인전투체계를 운용하지만, 곧 다가올 미래에는 무인전투체계 종류가 더 다양해지고 자율 능력은 향상될 것이므로 유무인 협업뿐만 아니라 무인·무인 협업으로도 발전할 것으로 예상된다. 이러한 무인체계와 유무인협업체계의 발전 추세에 대비한 준비가 절실한 때다.

국방 사이버보안 동향과 전망

류연승
명지대학교 방산안보학과 교수
한국국방기술학회 학술이사

고대와 현대의 트로이 목마

고대 지중해에서 도시국가 그리스와 트로이 간에 전쟁이 발발했다. 10년간 이어지던 전쟁은 마침내 그리스군의 계책으로 마무리됐다. 성 밖에 목마를 두고 철수하는 척한 것이다. 트로이는 이 목마를 승리의 전리품이라고 생각하여 성안에 들였으나, 그날 밤 목마 안에서 그리스 군대가 나와 트로이군을 전멸시킨다.

현대 사이버 공간에서도 비슷한 전쟁이 진행 중이다. 2015년 애플Apple사는 사용하던 서버에서 일어난 이상 반응의 원인을 찾다가 스파이 칩을 발견한다. 현대판 트로이 목마인 스파이 칩은 외부의 적이 사이버 공간인 통신망을 통해 내부에 침투할 수 있게 해준다. 이 서버는 대만계 업체인 슈퍼마이크로 사가 납품했고, 서버 메인보드는 전량 중국의 하도급 업체에서 조립되었는데 중국 정부 산하 조직이 메인보드에 스파이 칩을 심은 것으로 알려졌다. 이후 애플은 7,000여 개의 서버를 모두 교체했다. 중국 화웨이 사가 만든 가전제품에서도 무선 네트워크WiFi 기능이 있는 도청 장치가 발견된 사례가 있다. 소프트웨어에도 악성코드를 심을 수 있는데, 이를 '트로이 목마Trojan Horse' 바이러스라고 부른다.

2020년 말에는 미국 정부기관 및 마이크로소프트Microsoft 사 등 수천 개의 기업을 겨냥한 역대 최악의 사이버 공격이 발생하였다. 이

트로이 목마

공격은 러시아가 배후에 있는 해커들이 미국 정부기관이 사용하는 네트워크 업체 솔라윈즈SolarWinds 사의 업데이트 소프트웨어에 악성코드를 심은 것으로 알려졌다. 이 업데이트 소프트웨어를 사용하던 미 국방부·에너지국·재무부 등 정부기관들이 악성코드에 감염되었고, 내부에 침투한 해커들이 내부 이메일에 접속을 시도한 흔적도 발견되었다. 이 공격은 시스템을 파괴하지 않고 정보 수집만을 목적으로 이루어졌으며, 매우 광범위하게 침투했기 때문에 공격받은 대상을 파악하고 차단하는 데 많은 시간이 걸렸다고 한다.

현재 우리나라는 무인화·지능화 국방과학기술에 대거 투자해 최첨단 무기체계를 개발, 전력화하기 위해 노력하고 있다. 그러나 아무리 좋은 무기체계를 보유하고 운용하더라도 사이버 공간을 통한 은밀한 공격을 막지 못한다면 결국 전쟁에서 패배하고 말 것이다.

최첨단 무기체계의 대부분은 네트워크로 통신하는데, 통신망을 통한 사이버 공격에 취약하다는 단점이 있다. 또한 무기체계의 부품에 악성코드가 심어져 있다면 사이버 공격에 노출되고 만다.

무기체계를 개발하는 방산업체는 자체 개발하는 기능에 사이버 보안 기술을 적용해야 하는 것은 물론, 외부에서 조달하는 부품의 경우 신뢰할 수 있는 방산 공급망을 구축해야 한다.

또한 방산업체의 내부망이 사이버 공격을 받아 침투되면 설계도면이나 소스코드 같은 핵심 기술이 유출되는데, 적국은 무기체계의 하드웨어·소프트웨어 설계를 분석하여 취약점을 파악할 수 있다.

현재 국방 사이버보안을 위해 여러 법령과 제도가 운영되고 있지만, 국내외 환경이 변화함에 따라 정책도 지속적으로 변화하고 있다. 국방 사이버보안 분야 중에서 무기체계 및 방위산업 보안 분야의 최근 동향을 살펴보기로 하자.

사이버보안 관리 및 평가 제도 'RMF' 동향

미국은 사이버 공격에 안전한 무기체계를 개발하기 위해 무기체계 소요 기획 단계부터 설계, 구현, 시험평가, 운용 및 폐기까지 총 수명주기에서 사이버보안 관리 및 평가를 하는 RMF Risk Management Framework 제도를 운영하고 있다.

미군은 1990년대 후반부터 군 정보시스템의 보안성 관리·평가

체계를 적용해 왔으며, 2014년부터 미국 정부 표준NIST RMF 기반으로 국방 분야에 RMF를 적용했다. 2019년에는 미군 시스템과 연동하는 동맹국 무기·정보 체계에도 RMF 정책을 적용하기로 결정하여 한·미 연동 체계에도 RMF를 적용한 보안성 검증을 요구했다.

이에 우리 군도 미국 RMF를 모방한 'K-RMF(한국형 사이버보안 제도)'를 연구하고 단계적으로 도입할 예정이다. 또한 한·미 연동 체계에 적용 가능한 사이버보안 공동지침을 미국과 함께 작성하고, 보안성 평가는 자국 제도를 이용하여 각국이 실시한 뒤 결과를 공유하는 방안을 추진하고 있다.

K-RMF 전면 시행에 앞서 국방부 및 육·해·공군은 연합지휘통제체계AKJCCS, 전구통합화력체계JFOS-K, 해군지휘통제체계KNCCS, 한국군연동통제소KICC 등에 시범 적용하면서 관련 훈령 개정 등 제도를 정비하고 있다. 지금은 연합체계 위주로 보안성 평가에 적용하고 있지만, 오는 2024년부터는 새로 개발되는 무기체계와 전력지원체계에도 총수명주기에 맞춰 K-RMF를 적용해 나갈 예정이다. 따라서 국방 연구개발 절차에도 K-RMF가 적용되기 때문에 방위사업청과 방산업체도 이에 대한 대비가 필요하다.

이해를 돕기 위해 이를 간단히 소개하면, K-RMF는 소요 기획 단계부터 운용 및 폐기의 수명주기에 걸쳐 6단계로 수행된다. ① 시스템 분류, ② 보안통제항목 선정, ③ 보안통제항목 구현, ④ 보안통제항목 평가, ⑤ 시스템 인가, ⑥ 모니터링이 그것이다. 이를 국방획득체계에 나타내면 다음 도표와 같다.

국방획득체계별로 적용되는 RMF 6단계

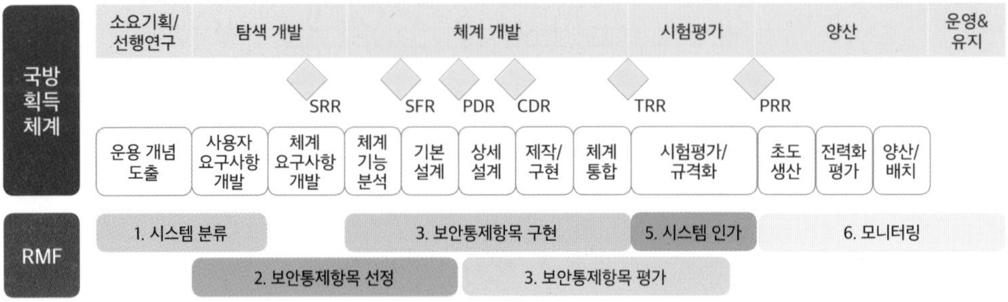

국방 획득 체계

소요기획/선행연구 | 탐색 개발 | 체계 개발 | 시험평가 | 양산 | 운영&유지

SRR | SFR | PDR | CDR | TRR | PRR

운용 개념 도출 | 사용자 요구사항 개발 | 체계 요구사항 개발 | 체계 기능 분석 | 기본 설계 | 상세 설계 | 제작/구현 | 체계 통합 | 시험평가/규격화 | 초도 생산 | 전력화 평가 | 양산/배치

RMF

1. 시스템 분류
2. 보안통제항목 선정
3. 보안통제항목 구현
3. 보안통제항목 평가
5. 시스템 인가
6. 모니터링

1단계 시스템 분류는 소요기획·선행연구 단계에서 수행되며, 대상 시스템의 정보 유형을 정의하고 보안 목표와 수준을 설정한다. 소요 기관이 분류하고 합동참모본부·국방부에서 결정하게 된다. 확정된 내용은 제안요청서에 요구사항으로 반영한다.

2단계부터 3단계는 방위사업청 등의 사업기관이 수행하며 보안계획서를 작성한다. 2단계인 보안통제항목 선정의 경우, 1단계에서 설정한 보안 목표와 수준에 부합하는 보안통제항목을 선정한다. 보안통제항목은 접근통제, 감사와 책임성, 형상 관리, 식별 및 인증, 보안사고 대응, 매체 보호, 인원 보안, 시스템 및 통신 보호, 사업관리 등의 18개 분야에 총 761개가 있으며, 기술적 항목과 운용 관리적 항목으로 나눌 수 있다. 이 중에서 대상 시스템의 보안 목표와 수준에 맞는 항목을 선정한다. 3단계인 보안통제항목 구현은 선정된 기술적 항목을 대상 시스템에 구현하고 운용 관리적 항목을 조직에서 수행하는 단계다.

4단계인 보안통제항목 평가는 대상 시스템에 구현된 내용의 적절성을 평가하는 것으로, 운용 관리 분야도 수행의 적절성을 평가한다. 평가팀은 획득체계에 따라 구성된다.

5단계인 시스템 인가는 보안통제항목 평가 결과를 바탕으로 위험 평가를 실시하고 운영 인가를 발급한다. 시험평가 단계에서 합참이 임시로 인가를 결정하고 최초 배치 시 소요군에서 최종 인가를 결정한다.

6단계인 모니터링 단계는 운용 유지 중에 시스템 보안 수준이 유지되는지를 모니터링한다. 정기·수시 보안 측정, 기관 평가 등을 활용한다.

핵심 기술 탈취 막는 기술 안티탬퍼

안티탬퍼anti-tamper는 무기체계에 구현된 핵심 기술을 탈취하기 위한 역공학에 대응하는 보안 기술이다. 주로 정보기술IT 하드웨어와 소프트웨어 역공학과 관련되는 사이버보안의 한 분야다.

최근 우리나라의 국방과학기술 수준이 세계 9위로 평가되는 등 일부 국방 기술은 선진권에 이르고 있다. 또한 최근 무기체계 수출이 크게 증가하면서 세계적인 방산 수출국으로 자리매김하고 있다. 이에 따라 무기체계를 수출할 때 수입국이 역공학을 통해 우리의 핵심 기술을 탈취하지 못하도록 하는 안티탬퍼 기술 적용이 필요해졌다.

미국은 RMF와 마찬가지로 무기체계의 소요 기획 단계부터 안티탬퍼 적용을 검토하고 연구개발 단계에서 적절한 안티탬퍼 기술을 선정, 구현하고 있다. 연구개발 단계에서는 무기체계의 임무 분석부터 시스템 설계, 구성품 설계 과정을 통해 핵심 기술과 구성품을 식별하고 비용·일정·성능 등을 종합적으로 검토하면서 안티탬퍼 기술을 구현하고 있다.

우리나라도 최근 일부 무기체계에 안티탬퍼 기술을 적용하고 있으나 RMF와 같은 표준 절차 및 관련 법령이 아직 없는 실정이다. 또한 안티탬퍼 기술 개발이 산발적으로 이루어지고 있어 무기체계에 공통적으로 적용할 안티탬퍼 기술의 표준화가 필요하다.

사이버보안 인증 제도 CMMC 동향

2019년 미 국방부는 국방 사업에 참여하는 모든 업체에 대해 일정 수준의 사이버보안 체계 구축을 의무화하는 CMMC Cybersecurity Maturity Model Certification 인증 제도를 발표했다. CMMC는 국방부와 계약하는 업체는 물론, 협력업체들까지 사이버보안 성숙도 수준을 3개 등급으로 나눠 인증을 받아야 하는 제도다. 현재 관련 법규 제정을 진행 중이며, 2023년 하반기부터 시행할 것으로 예상된다.

CMMC 인증은 미국 업체에만 요구되는 것이 아니라 다른 나라 업체들에도 요구된다. CMMC 인증을 취득하지 못하면 미국에 방산물자를 수출할 수 없을 뿐만 아니라 공동연구 협력 등이 불가능하다. 따라서 당장 미국에 수출 계획이 있는 방산업체들은 CMMC 인증을 받기 위해 준비하고 있다. 사실상 CMMC 인증을 통해 미국의 국방 글로벌 공급망 체계가 구축될 것으로 예상된다.

CMMC 인증을 받기 위해서는 미국 CMMC 인증기관이 지정하는 인증 심사 업체, 컨설팅 업체, 교육 업체에 많은 비용을 지불해야 하며, 미국인이 우리 방산업체를 인증 심사해야 하는 문제가 생긴다. 현재 우리 방산업체는 방위산업 보안업무훈령 및 방위산업기술보호지침 등 관련 규정에 따라 사이버보안 체계를 구축하고 있으며, 매년 통합실태 조사를 통해 점검받고 있다. 우리 정부는 방산업체 사이버보안 체계를 CMMC 수준으로 발전시키고, 우리의 인증을 받으면 미국의 CMMC 인증 취득으로 인정하는 상호 인정 협정 체결을 검토 중이다.

지금까지 국방 사이버보안 분야에서의 중요한 최근 동향을 살펴보았다. 무기체계 및 방산업체의 사이버보안의 중요성이 커져감에 따라 방산업체들이 수행해야 할 사이버보안 업무도 크게 증가하고 있다.

하지만 방산업체를 위한 정부 지원 정책이 아직은 미흡한 상황이다. 예를 들면 RMF와 안티탬퍼 관련하여 업체가 사용할 지침을 제공하고 무기체계에 공통으로 적용할 기술 개발 및 표준화를 지원해야 한다. 무엇보다 방산업체에 사이버보안 전문인력이 매우 부족한 형편이다. 따라서 대학에 방산보안 계약 학과 개설 지원 같은 인력양성 정책이 절실해 보인다.

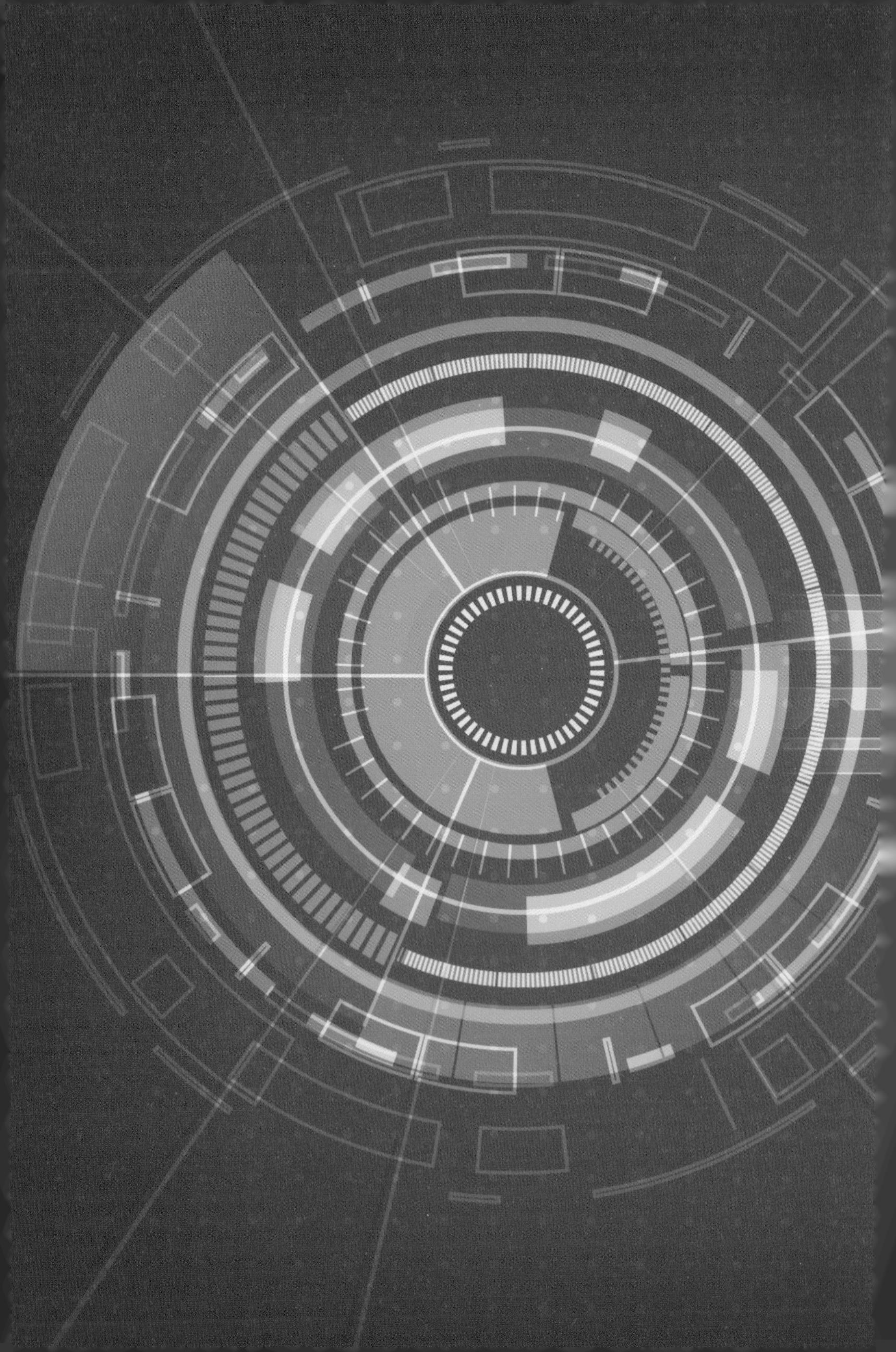

5

국방과학기술 관련 제도 및 인프라

군 교육훈련의 디지털 전환, 선택이 아닌 필수

이지은
한양사이버대학교
경영정보·AI비즈니스학과 교수
한국국방기술학회 학술이사

VUCA 시대, 적응성과 즉전력이 중요한 이유

시나리오 경영의 중요성을 설파한 『Scenarios』라는 책에는 미국의 최대 위협을 예측한 미래학자의 이야기가 나온다. 바로 9·11 테러를 예측한 피터 슈워츠다. 그는 9·11 테러가 일어나기 1년 전, 테러리스트가 항공기를 몰고 대형 건물로 돌진할 경우 엄청난 인명 피해가 발생할 수 있다는 경고를 했다. 이 같은 시나리오에 대해 대다수 사람은 '그럴 수는 있지만 그럴 리는 없다'고 단정했다. 지금까지 그런 일이 단 한 번도 일어나지 않았기 때문이다. 하지만 말도 안 되는 일이 실제로 벌어졌다. 미국의 심장인 뉴욕을 상징하는 세계무역센터가 테러범의 공격을 받아 한순간에 무너진 것이다.

변동성Volatility, 불확실성Uncertainty, 복잡성Complexity, 모호성Ambiguity이 증가하는 VUCA 시대에는 다가올 위협을 정확하게 예측하고 재빠르게 문제를 해결할 수 있어야 한다. 예측 가능 시대에는 문제가 구체적이어서 모범답안이 존재했지만, 오늘날에는 불확실성이 커지면서 모범답안 자체가 없고 그때 그때 모범답안을 만들어야 하는 상황이다.

이와 관련해 '미 육군 고등군사학교SAMS : School of Advanced Military Studies'는 복잡한 상황에서 문제의 본질을 파악하고 창의적으로 해법을 내놓는 리더를 가장 이상적인 리더로 제시하고, 이러한 덕목을 '적응성Adaptability'이라고 지칭했다.

적응성과 비슷한 개념으로 즉전력卽戰力이 있다. 즉전력은 일본의 경영 컨설턴트인 오마에 겐이치가 기업에서 일하는 사람들이 갖춰야 할 능력으로 언급한 것인데, 어떤 일이든 능수능란하게 해내는 능력으로 무적의 낙하산 요원을 지칭하는 '슈퍼 루키'와 일맥상통하는 개념이다. 전쟁터 같은 살얼음판에서도 살아남을 수 있는 즉전력은 2000년대 중반 일본의 경제위기에서 잉태된 용어지만, 모든 것이 위기요 위협인 오늘날에도 중요한 역량이다.

이처럼 '적응성'과 '즉전력'은 둘 다 실전형 지식과 문제해결 능력을 강조하고 있으며, 특히 교육훈련을 통해 달성해야 할 핵심 목표가 되고 있다.

주입식 교육의 한계와 대안

모든 교육훈련의 목적은 역량 강화다. 역량competence이란 복잡한 문제 상황을 잘 헤쳐 나갈 수 있는 능력으로, 인지적 능력뿐만 아니라 행동적·동기적 요소를 포함한다. 즉 역량은 우수한 성과를 창출하는 능력의 집합으로 지식, 기술, 태도의 곱(×)으로 형성된다. 이 가운데 하나라도 부족하면 제대로 성과를 낼 수 없으며, 하나라도 결격이면 역량은 '0'이 된다.

이러한 복합적인 능력을 기르기 위해서는 실제와 유사한 상황에서 지속적인 훈련과 연습을 반복해야 한다. 이때 훈련이 실전 같아야 학습자도 집중해서 훈련에 임한다. 군에서의 교육훈련은 더더욱 그러하다.

군사훈련은 작전 수행에 필요한 지식과 기술, 태도를 함양하기 위해 이뤄진다. 가장 과학적이고 체계적인 훈련이 요구되기에 탄탄한 이론과 체계를 기반으로 한다.

1970년대 미국 군사훈련에 적용된 'ADDIE(분석·설계·개발·실행·평가로 이뤄진 교수설계모형) 모델'은 군 교육은 물론 산업훈련 전반에 큰 영향을 미쳤다. 사회 모든 분야에서 가장 과학적이고 체계적인 훈련이 이뤄진 곳은 다름 아닌 군이다.

하지만 오늘날 군의 교육훈련은 시대 요구를 수용하지 못한 매우 경직된 모습으로 비춰지고 있다. 통상 군의 교육훈련은 정해진 공간에서 노련한 교수자가 검증된 강의 내용을 체계적으로 전달하면 훈련생들은 이론 지식을 습득하고 야전부대에서 전투 능력을 키운다.

그런데 교수자 중심의 주입식 교육은 문제해결 능력과 상황 판단 및 즉각적 조치 능력을 키우는 데 한계가 있다. 원리를 암기해 일률적으로 적용해서는 복잡한 문제를 해결하기 어렵다. 문제해결 능력을 키우려면 훈련생을 실제 상황에 노출시켜야 하지만 군 여건상 쉽지 않다.

우리나라도 육군과학화전투훈련단KCTC 내 전투훈련장처럼 지식·기술·태도를 종합적으로 쌓을 수 있는 교육훈련 인프라를 갖추고는 있지만, 전체 군에 KCTC와 같은 전투훈련장을 설치할 수는 없는 일이다. 첨단 디지털 기술을 활용해 군의 전투력과 교육훈련 성과를 높이는 지혜로운 방안을 찾아야 한다.

군 교육훈련에 부는 디지털 바람

2022년 초 육군합성전장훈련체계Build-I 개발사업이 시작되면서 첨단 기술을 활용한 군 전투력 향상에 대한 기대감이 높아지고 있다. 육군합성전장훈련체계는 모의 가상훈련을 통해 군 전투력을 높이는 차세대 훈련 체계로, 훈련 결과를 분석해 취약점을 알아내고 최적의 전술을 도출하도록 지원할 수 있을 것으로 예상된다. 여기에는 인공지능·클라우드·메타버스 등 첨단 기술이 적용되며, 특히 인공지능 기반 시뮬레이션과 혼합현실MR : Mixed Reality 기반 실전 훈련이 핵심이 될 것이다.

그동안 가상현실VR·증강현실AR 분야는 낮은 기술적 완성도와 콘텐츠 부족으로 주목받지 못했으나, 최근 메타버스가 급부상하면서 기술적 발전을 이어가고 있다. '국방개혁 2.0'에서도 군 혁신을 위한 핵심 기술로 VR·AR을 꼽고 있다.

최근 국방기술진흥연구소가 선정한 '미래 전장 개념을 바꾸는 8대 신기술'에 '시·공간 제약 없이 한반도 크기의 가상합성 훈련 환경을 제공하는 초실감 모의 전장 환경 구현 기술'이 포함되기도 했다. 육군과학화전투훈련장이 가상공간으로 구현된다면 많은 군인이 전갈부대와 모의 전투를 하며 다양한 실전 경험을 쌓을 수 있을 것이다. 가령 과학화전투훈련을 VR·AR로 구현한다면 다양한 문제 상황을 만들어 군 장병의 실전 능력을 강화할 수 있다. 이미 미 국방부는 마이크로소프트사에서 제작한 통합시각증강시스템IVAS 기반 특수 고글을 10년에 걸쳐 12만 명의 육군 병사에게 보급하기로 했다. IVAS는 전투원에게 실시간으로 중요한 정보를 제공하는 지능화된 헤드업 디스플레이HUD로, 작전 중 지도를 보기 위해 하던 일을 멈춤으로써 위험한 상황에 노출되는 가능성을 줄여 준다. 특히 군 훈련 시스템에 적용될 경우, 실제와 거의 비슷한 훈련 경험을 통해 몰입감과 집중도, 훈련 성과를 높일 수 있을 것으로 기대된다. 충분한 야전 테스트를 거쳐 기술적 완성도를 높이고 대량 양산 체계를 통해 군에 빠르게 보급된다면 IVAS는 전장의 게임 체인저가 될 가능성이 높다.

인공지능 자동모의 기능을 이용하면 다양한 공격에 대비하는 시나리오 기반 훈련도 가능해진다. 2020년 미 국방부 산하 방위고등연구계획국DARPA이 주최한 '알파도그파이트AlphaDogfight' 챌린지는 미래 공중전의 모습을 보여주었다. 2차 세계대전을 배경으로 일대일 공중전이 펼쳐졌는데, 헤론시스템스 사가 개발한 인공지능 파일럿이 베테랑 F-16 조종사를 상대로 모두 승리하는 것으로 경기가 끝났다. 이세돌과 알파고의 대전을 보며 예방주사를 맞은 상태였음에도 0대 5라는 결과는 상당한 충격파로 다가왔다.

인공지능이 취했던 공격이 실제 이뤄진다면 조종사는 어떻게 대응해야 할까? 조종사가 인공지능 교관에게 배우고 인공지능과 한팀을 이뤄 공중전을 펼치는 일이 조만간 현실이 되지 않을까? 인공지능이 만든 문제 상황을 주고 문제를 해결하도록 하는 훈련이 효과적이라면 미래 교관은 인공지능이 맡게 되지 않을까?

최근 들어 군에 메타버스를 도입하기 위한 논의도 활발하게 이루어지고 있다. 메타버스는 현실의 나를 대리하는 아바타를 통해 활동 공간을 가상세계로 확장한 플랫폼으로, 군 교육훈련에도 활용도가 높을 것

2020년 미 방위고등연구계획국(DARPA)이 주최한 '알파도그파이트'(출처 : DARPA, https://www.darpa.mil/news-events/2020-04-27).

으로 전망된다. 현실을 그대로 투영한 가상공간에서 훈련생은 실재감을 느끼게 되는데, 이를 통해 몰입도 높은 교육훈련을 경험할 수 있다.

그러나 메타버스 도입을 위해서는 메타버스 세계관이 필요하다. 기밀 정보가 많은 군 특성상 군과 유사한 메타버스를 구현하는 것이 어렵고, 무분별한 정보 노출로 여러 가지 역기능이 발생할 수 있기 때문이다. 가령 군 생활에 대한 불만을 가상공간에서 해소하는 과정에서 군인이 지켜야 할 의무나 책임을 저버리는 장면이 목격된다면 군 기강이 해이해졌다는 비난을 면할 수 없을 것이다. 따라서 메타버스 기반 교육훈련을 기획할 때 메타버스 공간에서 지켜야 할 원칙과 기초 소양에 대한 필수적인 교육도 함께 고려해야 한다.

군 디지털 역량 강화 필요

4차 산업혁명이 촉발한 지능화와 초연결은 국가 안보의 패러다임을 바꾸고 있다. 전투 개념과 방법도 과거와는 크게 달라져 인간-기계 복합전투와 무인로봇 간 전투 등 새로운 형태의 전쟁이 예상된다. 드론, 로봇, 인공지능 기술의 비약적인 발전과 새로운 전쟁 양상은 국방 시스템의 융복합을 수반할 것이며, 그에 따라 첨단화된 국방 체계를 이행하고 유지할 수 있는 군 인력의 역량 강화가 요구된다.

군 인력의 디지털·인공지능 역량은 교육훈련의 디지털 전환을 통해 자연스럽게 함양될 수 있다. 메타버스를 글로 이해하는 게 아니라 메타버스 기반의 모의 훈련에 참여함으로써 문제해결력과 디지털 활용 역량을 키울 수 있고, 가상 경험이 제공하는 몰입감과 도전적인 미션으로 훈련 성과는 배가될 것이다. 실전 같은 모의 훈련, 다양한 공격 시나리오를 만들어 내는 인공지능 적군, 실시간 분석을 통해 전략적 취약점을 찾아내는 인공지능 교관과 인공지능 전략사령부…. 이는 결코 먼 미래의 모습이 아닐 것이다. 군 장병의 즉전력과 군의 디지털 역량 강화를 위해 군 교육훈련의 디지털 전환은 반드시 필요하다.

군 교육훈련의 디지털 전환, 지금이 딱 좋은 시기

하향식 명령 체계와 규율, 지시로 군을 통제하는 방식은 이제 한계에 다다랐다. 국방 시스템에 디지털 기술을 적용함으로써 업무 처리의 정확성과 투명성이 높아지고 있다. 물품 관리나 소요 계획에 인공지능과 메타버스 기술이 접목될 경우 효율성이 한층 높아질 전망이다. 따라서 의사결정자와 실무자는 디지털 기술을 습득하고 활용하는 디지털 리터러시, 인공지능을 이해하고 활용할 줄 아는 AI 리터러시, 메타버스 공간에서 원활하게 소통하는 역량을 갖춰야 한다.

2022년부터 군 장병에게 온라인 인공지능·소프트웨어 교육이 제공되고 첨단 기술 중심의 군 변화를 선도하는 인공지능 전문인력 양성 사업이 진행되고 있다. 또한 군에 메타버스를 도입하여 입대 전후 장병의 군 생활 적응을 돕는 교육훈련 및 커뮤니티 서비스가 기획되고 있다. 군 교육훈련의 디지털 전환, 지금이 딱 좋은 시기다.

국방 디지털 혁신 위한 패러다임 전환

심승배
한국국방연구원 전장정보화연구실장
한국국방기술학회 학술이사

데이터 기반 인공지능 기술이 전장의 판도를 바꾼다

기술이 지배하는 사회, 기술 역량이 국가의 경쟁력을 좌우하는 기술패권Pax Technica 시대다. 국방 분야도 이러한 흐름에서 예외가 아니다. 첨단 과학기술 역량을 갖추지 못한 국가는 군사 분야에서도 뒤처질 수밖에 없다. 정부는 2021년 12월에 10대 국가필수전략기술을 선정하고 2030년까지 국가 과학기술 역량을 집중하기로 했다. 기술 선정 기준에는 전략적 중요성 관점에서 국가안보가 핵심 요소로 고려되었다. 정부가 선정한 10대 국가필수전략기술은 인공지능, 5G·6G, 첨단 바이오, 반도체·디스플레이, 2차 전지, 수소, 첨단 로봇·제조, 양자, 우주·항공, 사이버보안 등이다.

국방 분야에서도 미래 전장을 혁신할 수 있는 게임 체인저 기술로 우주, 인공지능, 무인·자율, 양자, 합성바이오, 에너지, 미래통신·사이버, 극초음속 등의 8대 기술을 선정하여 도전적으로 신속하게 개발하겠다는 목표를 설정한 바 있다. 정부의 10대 기술과 국방의 8대 기술의 공통점을 찾아보면 인공지능, 통신, 사이버보안, 무인·자율, 우주, 양자 등이 공통으로 선정되었다.

즉, 학습 데이터를 기반으로 하는 인공지능 기술, 데이터를 초고속으로 전송하는 5G·6G 기술, 데이터를 보호하는 사이버보안 기술, 비정형 데이터에 대한 분석 속도를 비약적으로 향상시킬 수 있고 군의 보안을 강화할 수 있는 양자 기술, 우주 공간에서의 네트워크를 제공하는 저궤도 위성통신 기술은 디지털 기술로 분류할 수 있다.

예를 들어 F-35와 같은 첨단 무기체계에서 조종사의 헬멧에 표시되는 HMDHelmet-Mounted Display 정보는 수많은 센서에서 수집되는 데이터를 분석한 결과다. HMD가 사용자가 경험하는 프론트엔드Front-End라면, 데이터를 수집하고 분석하는 컴퓨팅 인프라는 백엔드Back-End라고 할 수 있다.

전투기가 눈에 보인다면, 전투기를 지원하는 디지털 기술은 눈에 보이지 않는다. 더구나 눈에 보이지 않는 디지털 기술, 특히 소프트웨어 기술의 힘이 무기체계의 능력을 지배하고 있다. 최신 무기체계들의 소프트웨어 비중이 증가하고 있는 것도 이러한 추세를 말해 준다.

아이폰으로 유명한 애플이 하드웨어가 아닌 소프트웨어로 모바일 생태계를 지배하고 있고, 테슬라가 소프트웨어 기술로 자율주행 플랫폼을 구축해 전기차 시장을 주도하고 있는 것처럼, 국방 분야도 데이터 기반 인공지능 기술이 전장의 판도를 바꿀 수 있는 기술로 진화하고 있다. 즉, 소프트웨어로 전장 공간에 존재하는 무기체계와 전투원이 착용하고 있는 디바이스를 소프트웨어로 통제하는 소프트웨어 정의 전장Software-Defined Battlefield이 형성되고 있는 것이다.

요약하면 유·무인 복합 전투와 같은 미래 전투 수행 개념을 가능케 하는 핵심 기술인 인공지능, 무인·자율 등의 디지털 기술이 전쟁과 전투의 승패를 좌우할 수 있는 디지털전Digital Warfare으로 변화하고 있다는 것이다. 미래 디지털 전쟁에서 우리 군이 우위를 차지하기 위해서는 네 가지 경쟁 요소에서 기술적 우위를 선점할 수 있어야 한다.

첫째, 디지털전은 기본적으로 데이터라는 연료fuel 경쟁이다. 이 경쟁에서는 지상·해상·공중에서 발생하는 데이터뿐만 아니라 사이버 공간과 우주 공간에서 발생하는 데이터를 경쟁 상대보다 많이 확보하고 빠르게 분석할 수 있는 능력이 무엇보다 중요하다. 불순물을 최대한 제거하여 연료의 순도를 높이는 공정이 데이터에도 필요한 작업으로, 이를 데이터 전처리preprocessing 또는 정제cleansing라고 한다. 데이터를 담아두는 공간인 클라우드가 핵심 인프라이며, 군에서는 전술 부대에서 바로 데이터를 분석하고 활용할 수 있는 사물인터넷과 엣지 컴퓨팅이 결합된 IoBTInternet of Battlefield Things 환경의 구축이 중요하다.

둘째, 디지털전은 가공된 데이터를 전송하는 파이프라인 인프라 경쟁이다. 이 경쟁에서는 데이터를 필요로 하는 수요자들에게 데이터를 빠르고 안전하게 전송하는 것이 핵심 역량이다. 특히, 국방 분야에서는 데이터를 탈취하거나 조작하려는 시도를 탐지하고 대응하는 사이버보안 능력이 중요하다. 또한 5G·6G 기술과 저궤도 위성통신 기술이 디지털 공간 내 데이터 전송 기술로 주목받고 있다. 이 가운데 5G 기술은 함정 내 근무자들 간의 신속한 통신, 전투기나 헬기가 작전 수행 후 지상으로 복귀했을 때 작전 중 기록된 데이터의 빠른 전송, 부대의 경계감시 작전을 수행할 때 실시간 통신 능력을 제공할 수 있다.

셋째, 디지털전은 데이터 기반 임무를 구현하는 플랫폼과 서비스 경쟁이기도 하다. 플랫폼은 제공하는 자와 활용하는 자 간에 형성되는 네트워크를 통해 가치를 창출하는 공간으로, 플랫폼에서 제공하는 서비스가 핵심이다.

우리가 매일 정보를 검색할 때 사용하는 포털은 사용자에게 정보

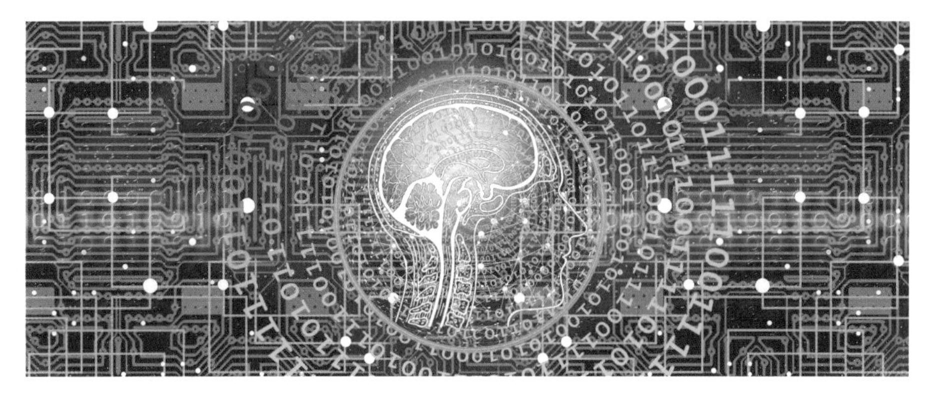

인공지능 기반 데이터

나 경험을 제공하는 플랫폼인데, 각종 업무를 위해 사용하고 있는 정보 시스템도 일종의 플랫폼으로 간주할 수 있다. 최근 눈길을 끌고 있는 플랫폼은 대용량 데이터를 인공지능 기술로 학습 및 분석하는 플랫폼과 클라우드 기반 소프트웨어 개발 플랫폼이다. 특히, 국방 분야에서는 다영역multi-domain 공간에서 발생하는 감시·정찰 데이터를 인공지능 기술로 빠르게 분석하여 지휘관의 의사결정을 지원할 수 있는 정보를 제공하는 것이 중요하다.

인공지능 분야 세계 4대 석학으로 꼽히는 앤드류 응Andrew Ng 박사의 주장("AI is the new electricity.")처럼 인공지능은 21세기 산업을 관통하는 새로운 전기로, 군에서도 이 기술을 전군 차원에서 광범위하게 사용할 수 있어야 한다. 클라우드 기반 소프트웨어 개발 플랫폼이 중요한 이유는 군에서 인공지능 기술을 포함한 최신 기술을 위치에 관계없이 손쉽게 개발할 수 있는 능력을 제공해 주기 때문이다. 전문적인 개발 능력이 없어도 쉽게 개발할 수 있는 로우코드Low Code/노코드No

Code 개발 플랫폼이 군의 소프트웨어 개발 능력을 더욱 빠르게 변화시킬 수 있을 것이다.

넷째, 디지털전은 디지털 역량을 갖춘 인력, 즉 디지털 인재를 확보하기 위한 경쟁이다. 디지털 기술을 이해하고 군의 임무에 적용할 수 있는 군 장병의 디지털 문해력digital literacy을 높이는 것이 군의 디지털전 수행 능력을 향상시킬 수 있기 때문이다. 특히, 군에서도 인공지능 기술을 이해하고 적용할 수 있는 인력과 최신 소프트웨어 기술을 이해하고 임무 시스템을 개발 또는 운영·유지할 수 있는 인재 양성이 중요하다. 미·중 간에 심화되고 있는 인공지능 기술 경쟁도 본질적으로 인재를 확보하기 위한 경쟁이다. 따라서 민간의 역량을 군에서 적극 활용하는 동시에, 군 내부의 역량을 강화해야 한다.

국방 디지털 혁신,
개발자 중심에서 사용자 지향·주도로

지금까지 말한 디지털전의 네 가지 경쟁에 대하여 경쟁자 대비 우위를 달성하려면 사고의 전환, 즉 패러다임 전환Paradigm Shift이 필요하다. 디지털 기술의 맥락에서 보면 디지털 전환Digital Transformation이 필요한 셈이다. 국방의 디지털 전환에 대해 사고의 틀을 혁신하는 알파벳 P로 시작하는 키워드로 전환 방향을 제안하고자 한다.

첫 번째 전환은 개발자 중심의 제품Product에서 사용자 지향의 시제품Prototype과 사용자 주도의 시범적용Pilot으로의 전환이다.

군의 무기체계·전력지원체계 개발 절차는 초기에 제품에 대한 전체 요구사항을 확정하고 이를 개발하는 일괄개발Waterfall 방식이 기본이며, 진화적 개발 방식이 적용되고 있지만 일괄개발 방식의 단점을 보완하기 어려운 방식으로 추진되고 있다.

일괄개발 방식은 초기에 사용자의 요구사항 전체를 식별하기 어려움에도 불구하고 사용자보다는 기획자·개발자·관리자 등을 중심으로 요구사항을 식별하고, 이를 기초로 장기간 개발 후 시험평가를 통해 전력화를 추진한다. 사용자가 주도적으로 참여하는 시험평가 단계에서 새 요구사항이 발생하거나 기존 요구사항 변경이 빈번하게 발생하는데, 이는 시간과 예산을 더 요구하는 기술적 부채Technical Debt 문제를 일으킨다. 그리고 소요 군의 최초 요구사항을 식별하고 체계를 전력화할 때까지 10년 이상 장기간이 소요되는 경우가 많기 때문에 기술의 발전 속도를 따라가지 못하고 오히려 뒤처지는 기술 진부화 문제가 발생한다. 기술적 부채 문제와 기술 진부화 문제는 기술 발전 속도가 빠른 디지털 기술 분야에서도 해결해야 할 중요한 문제다.

이러한 문제를 해결하기 위해서는 두 가지 접근 방법이 필요하다. 우선 사용자가 제품을 사용하면서 성능을 개선하는 시제품Prototype 개발 방식이다. 기존의 시제품 개발 전략과 다른 점은 사용자가 초기 단계부터 참여하여 개발자와 함께 시제품을 개발한다는 것이다. 이러한 방식은 디지털 기술을 개발하는 국내외 기업에서 적용하고 있는 애자일 개발 방법론DevOps과 유사하다. 즉, 최소기능제품Minimum Viable Product을 빠르게 개발하고, 이를 사용하면서 지속적이고 반복적으로 개선하여 최종적으로는 사용자가 원하는 제품을 완성하는 방식이다.

다른 접근은 사용자 주도의 시범적용Pilot을 기본으로 하는 접근 방식이다. 특히, 군에서는 군사적 적용 가능성에 대한 검증이 매우 중요한 만큼 전투 실험, 신속연구개발사업, 국방실험사업 등을 통해 신기술에 대한 실험을 하고 있다. 이러한 실험을 디지털 기술 전체로 확대해 모든 디지털 기술은 시범적용을 통해 최소기능제품을 개발하고, 애자일 개발방법론을 적용하여 사용자와 함께 반복적으로 제품을 개선하는 방식으로 전환할 필요가 있다. 이러한 전환이 실행되기 위해서는 애자일 개발방법론이 국방 제도나 규정 내에 공식 방법론으로 정착되어야 할 것이다.

두 번째 전환은 자체 개발 중심의 '생산Production'이 아닌 상용 기술 중심의 '구매Procurement'로의 전환이다. 디지털 기술은 군이 아닌 구글, 마이크로소프트, 네이버, 카카오 등의 민간 기업이 주도하고 있기 때문에 민간의 최신 기술을 그대로 또는 군에 맞춤화해 도입하는 것이 바람직하다. 우리 군이 경쟁자 대비 디지털 기술에서의 우위를 바탕으로 초연결 디지털 전장에서 승리하기 위해서는 민간 부문에서 상용화되었거나 군에 도입 가능한 첨단 디지털 기술을 신속하게 군에 전력화할 필요가 있다.

미 국방부가 전군에 구축되어 있는 서버를 클라우드로 전환하고, 클라우드도 자체 구축이 아닌 아마존의 AWS, 마이크로소프트의 Azure 등과 같은 민간의 클라우드 플랫폼을 활용하는 방식으로 JWCCJoint Warfighting Cloud Capability 사업을 추진하는 것은 바로 이러한 이유 때문이다. 물론 군의 보안 요구사항에 적합하게 클라우드를 맞춤화해 적용하고 있다. 우리 군도 평문, 군사 자료, 비밀 자료 등을 모두 다룰 수 있는 하나의 플랫폼으로 국내의 민간 클라우드를 적극 활용하는 방식으로 전환할 필요가 있다. 이러한 전환에 대비하여 클라우드 기반 플랫폼을 위한 보안 요구사항이 선제적으로 정의되고, 보안 요구사항을 준수하는 민간 클라우드 플랫폼을 선정하는 절차가 필요하다.

세 번째 전환은 절차와 관행에 초점을 두는 프로세스Process 효율화·최적화 중심에서 단일화된 통합 플랫폼Unified Platform 중심으로의 전환이다. 현재 군의 프로세스는 포털이나 업무별 정보시스템으로 구현되어 있으며, 각 군·기관 간에 정보를 연동하여 상호운용성을 향상하기 위한 노력을 지속하고 있다.

하지만 배타적인 데이터 사일로Data Silo로 인해 정보 유통이 여전히 제한되고 있으며, 조직·부서 중심의 업무 관행에 따른 사일로 효과Organizational Silos Effects, 조직 장벽과 부서 이기주의로 인해 업무 효율성이 향상되지 못하고 있다. 통합 플랫폼에는 앞서 언급했던 데이터를 전송하는 파이프라인이 연결되어 있어야 하며, 플랫폼을 통해 서비스를 제공할 수 있어야 한다. 이때 서비스는 과거의 웹하드와 같이 단순하게 정보를 공유하는 서비스부터 정보 분석 기능을 제공하는 서비스, 소프트웨어를 개발할 수 있는 서비스, 다양한 기계학습 알고리즘을 제공하는 인공지능 플랫폼 서비스 등 무궁무진한 서비스를 플랫폼에 장착할 수 있다.

네 번째 전환은 물리 세계의 '인력People' 중심에서 확장가상세계Metaverse의 '페르소나Persona' 개념으로의 전환이다. 페르소나는 가면을 의미하는 단어로, 멀티 페르소나는 다양한 정체성을 지닌 자아 또는 사람을 뜻한다. 특히 디지털 공간에서는 한 사람이 다양한 역할을 하거나 다양한 모습을 표출하는 경우가 많은데, 국방 분야에서는 다양한 디지털 임무를 수행하는 전투원을 생각해 볼 수 있다. 야구의 5툴 플레이어(타격 정확도, 장타력, 수비, 주루, 송구 능력 등 다섯 가지를 동시에 갖춘 선수)와 같이 게임화된 디지털 공간에서는 한 사람이 다양한 임무를 수행할 수 있기 때문이다. 즉, 디지털전에서 한 명의 전투원이 10명 또는 100명의 전투원 능력을 보유할 수도 있다는 의미다.

다섯 번째이자 마지막 전환은 문제가 발생하면 처리하는 '소극적인 Passive' 문화에서 미래에 발생할 수 있는 문제를 선제적으로 발견하거나 정의하는 '능동적·주도적Proactive' 문화로의 전환이다.

인공지능 같은 디지털 기술로 군에서 발생하는 문제를 해결하기 위해서는 문제 발견과 그에 대한 정의가 해결보다 중요하다. 문제만 정의할 수 있다면 해결 방법이나 기술은 많고 다양하다. 새로운 기술을 따라가는 패스트 팔로워Fast Follower 전략에서는 문제 해결이 중요했지만, 새로운 분야를 개척하며 변화를 주도하는 퍼스트 무버First Mover 전략에서는 문제의 발견이 더 중요하기 때문이다. 2021년 UNCTAD(유엔 무역개발회의)에서 대한민국이 개발도상국 그룹에서 선진국 그룹으로 지위가 변경된 만큼 선진국에 걸맞게 문화의 혁신도 필요하다.

요약하면 국방의 디지털 전환은 데이터, 상용기술, 플랫폼, 플레이어, 문화 등 다섯 가지 전환으로 설명할 수 있다. 전군에서 발생하는 데이터를 유·무선 네트워크를 통해 수집해 클라우드나 엣지에 저장하고, 상용기술 기반의 플랫폼에서 제공하는 서비스를 전투원들이 게임 공간의 플레이어처럼 이용하는 것이 군의 디지털 전환의 구현 모습이다.

선진국 중에 영국 정부는 디지털 기술의 중요성을 일찍이 인식하고 2011년 GDS Government Digital Service 조직을 설립, 디지털 정부 정책을 추진하고 있다. 영국 정부의 모범 사례를 벤치마킹하여 미국 정부도 2014년에 USDS US Digital Service를 설립했으며, 2015년에는 미 국방부의 DDS가 USDS의 하부 조직으로 구성되었다. 국방 디지털·소프트웨어 분야의 전문가 조직인 DDS는 설립 후 소프트웨어 개발 및 보안 업무를 수행하고 있으며, 2022년 6월에는 미 국방부의 인공지능 조직인 합동인공지능센터JAIC: Joint AI Center와 최고데이터책임자CDO: Chief Data Officer와 통합되었다. 통합 조직의 명칭은 최고디지털·인공지능국 CDAO: Chief Digital and AI Office으로, 디지털 기술에 대한 강조가 핵심이다. 이것은 특히 디지털 플랫폼을 통해 제공되는 인공지능 애플리케이션(서비스)을 총괄하는 미군의 디지털 컨트롤 타워로 볼 수 있다. 선진국 디지털 조직의 선구자격인 영국 GDS에서 제시한 플랫폼으로서의 정부 GaaP: Government as a Platform 개념을 살펴보면, 영국 정부는 GaaP를 사용자 중심의 뛰어난 정부 서비스를 쉽게 구축할 수 있는 디지털 시스템, 기술 및 프로세스의 공통 핵심 인프라로 정의하고 있다.

GaaP를 국방에 적용하면 어떤 개념이 될까? 위에서 제시한 다섯 가지 전환 개념을 추진하기 위해 플랫폼으로서의 국방DaaP: Defense as a Platform을 고려할 수 있다. DaaP의 지향점은 앞서 제시한 네 가지 디지털 경쟁에서 우리 군이 우위를 달성하는 데 있으며, 이는 디지털전에서 군이 수행해야 하는 핵심 임무 중 하나다.

K-방산의 지속가능한 성장 엔진, 국방벤처펀드

박명일

기술보증기금, 한밭대학교 겸임교수
한국국방기술학회 학술이사
(국방벤처분과위원장)

자랑스러운 K-방산

최근 정부와 국내 주요 방위산업(방산) 기업들이 폴란드와 145억 달러(19조 원) 이상으로 추정되는 사상 최대 규모의 무기 수출을 성사시킴으로써 우리나라 방산 수출 역사에 신기원을 열게 됐다. 현재와 같은 추세라면 2022년 방산 수출액은 200억 달러를 넘어설 것으로 예상되는데, 이는 2021년 역대 최대치를 기록했던 72억 5,000만 달러의 2.5배가 넘는 규모이자, 최근 5년치 수출 합산액을 초과하는 수준이다. 당초 정부와 방산업계에선 2022년 방산 수출액이 100억 달러 규모가 될 것으로 예상했지만 이를 훌쩍 뛰어넘는 '잭팟'이 폴란드에서 터진 것이다.

이번 폴란드 수출 계약으로 방산업계에는 새로운 기록이 나왔다. K2 흑표 전차를 만든 현대로템은 사실상 창사 이래 처음으로 무기 완제품을 수출하게 됐으며, FA-50을 판매했던 한국항공우주산업KAI은 유럽·북대서양조약기구NATO 회원국에 처음 수출하는 쾌거를 이루게 됐다.

한편 우리나라는 스테디셀러인 K9, T-50를 보유하고 있으며, 현궁, 천무, 호위함, 잠수함도 수출하고 있다. 최근 다양한 국가들로부터 국내 방산 체계에 대한 수요가 증가하면서 글로벌 방산업계에서 'K-방산'의 위상이 크게 높아질 것으로 전망된다.

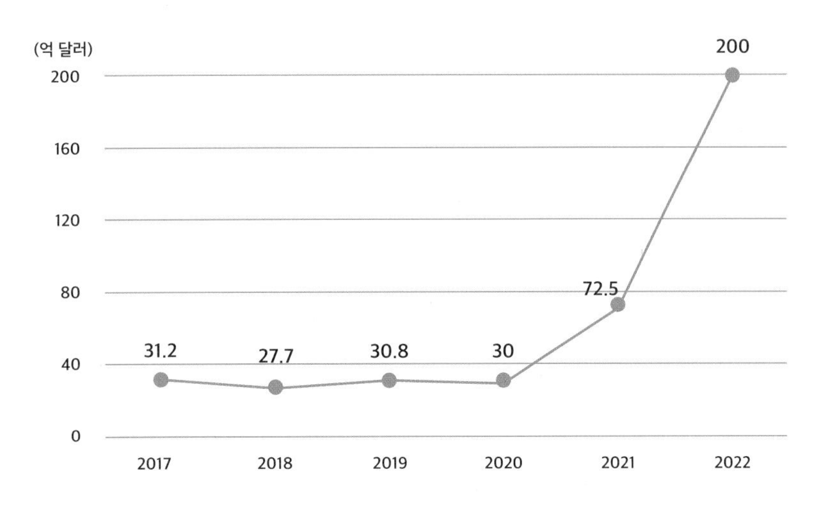

그림 1 국내 방산 수출 규모
(출처 : 매일경제, 2022. 8. 16. 기사 재구성, * 수주 기준, 2022년은 목표치)

K-방산의 초라한 국내 위상

국산 방산 대기업들의 대규모 수출 소식으로 인해 K-방산의 위상이 높아진 것은 사실이지만, 통계 자료로 분석해 볼 때 국내 방위산업의 규모는 매우 미약한 수준이라고 판단된다. 한국방위산업진흥회에 따르면 2020년 국내 방위산업 매출액은 15조 3,312억 원으로 조사되었는데, 이는 국내 제조업 매출액 1,816조 원 대비 0.84%에 해당하는 수준이다. 전체 제조업 대비 비중뿐만 아니라 주요 제조업들과 비교해 보아도 그 격차가 뚜렷하다. 의약품 제조업 매출액은 방위산업 대비 1.5배, 기초화학물질 제조업 3.6배, 자동차 제조업 5.9배, 반도체 제조업은 무려 11.3배로 분석되었다. 요컨대 국내 주요 제조업

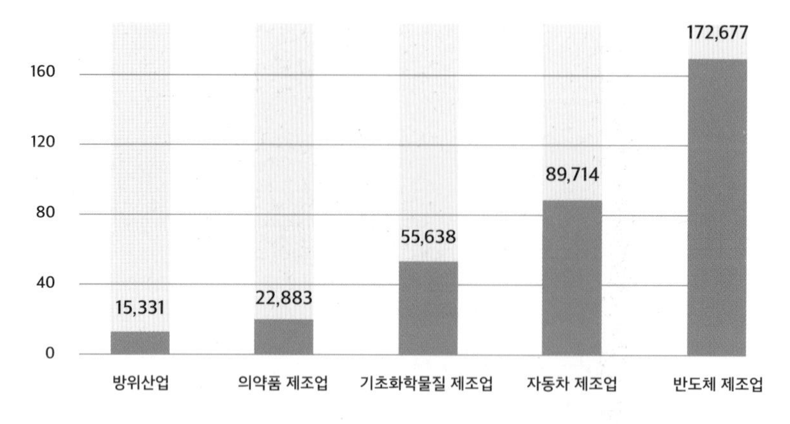

그림 2 2020년 산업별 매출액 비교(출처 : 「2021 방위산업 실태조사 및 통계청 광업 제조업 조사」 재구성)

들과 비교해 볼 때 국내 방위산업의 규모는 비교하기 어려울 정도로 초라한 실정이다.

국내 방산 시장은 규모뿐만 아니라 산업 구조에서도 취약점을 보이고 있다. 산업연구원에 따르면 국내 방산 생태계는 대기업 의존도가 기형적으로 높은 것으로 분석되었다. 2017년 국내 방산 시장에서 대기업의 매출액 비중은 79.7%였던 데 비해, 중소기업의 비중은 20.3%에 불과했다. 자동차 66.5%, 철강 62.7%, 조선 87.3%, 기계 22.9% 및 제조업 평균 51.7%와 비교해도 방위산업에서 대기업 비중이 절대적임을 알 수 있다.

또한 2015년에서 2017년까지 방산 시장에 참가한 중소기업의 수는 전체 방산업체의 약 96%를 점유했지만, 매출액은 31.5%에 불과했다. 업체당 매출액은 중소기업 169억 원, 대기업 7,843억 원으로, 대기업이

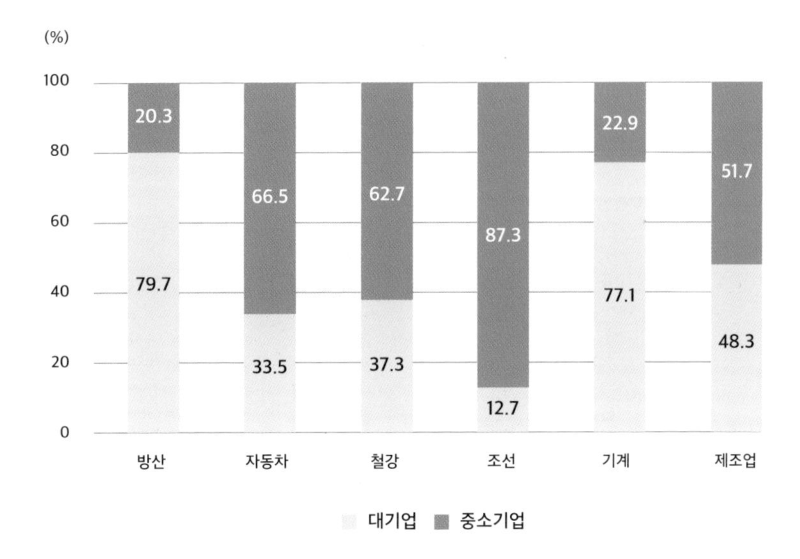

그림 3 2017년 산업별 대기업·중소기업 매출액 비중(출처 : 「중소벤처기업 친화적인 방위산업 생태계 조성을 위한 정책과제」, 산업연구원, 2020 재구성)

중소기업에 비해 무려 약 46배 더 많았다.

이런 기형적인 산업 구조는 체계 종합적인 산업의 특성과 대규모 무기체계 획득 사업 위주로 이루어지는 국내 방산의 구조적 특성에 기인한 것으로 판단된다. 따라서 최근 활발하게 이루어지고 있는 수출의 과실 또한 특정 대기업에 집중될 수밖에 없을 것으로 예상된다.

방사청, 무기체계 개발엔 적극적
금융·투자 지원엔 소극적

방위사업청은 현재 17개의 방산 지원사업을 운영하고 있다. 다음 〈표 1〉에서 알 수 있듯이, 지원사업은 주로 무기체계 개발에 집중되어 있다. 금융·투자 지원사업으로는 방위산업 이차보전사업과 공제조합사업 등 2개의 사업이 있다.

방위산업 이차보전사업은 방산 분야 참여 업체들에 장기저리로 융자해 주고, 시중금리와의 이차 차액을 정부 예산으로 보전해 주는 사업이다. 이차보전사업은 직접적인 자금 지원이 아니라 대출 이자를 지원하는 소극적인 자금 대책으로, 민간의 혁신적인 스타트업·벤처기업을 방산업계로 유인하기에는 그 매력이 떨어진다.

게다가 2022년 이차보전 예산은 전년 대비 3% 감소하기까지 했다. 또한 방위사업청 지원사업들은 기존 방산업체들의 참여가 용이하게 설계되어 있는데, 군 납품 경력이 부족한 민간 스타트업·벤처기업에는 적합하지 않은 문제점도 있다.

따라서 현재의 방산 지원사업은 획기적인 무기체계를 개발하고 첨단 국방 기술을 발전시킬 수 있는 혁신 스타트업과 벤처기업을 지원·육성하는 데는 한계가 있는 것으로 판단된다.

표 1 2022년 방위사업청 주요 지원사업 예산 현황

(단위 :억 원, %)

사업명	2021년	2022년	증감률
핵심/수출연계/전략부품 국산화 개발지원사업	787.2	1,624.3	106.3
무기체계 개조개발 지원사업	465.2	582.4	25.2
글로벌 방산 강소기업 육성기업	118.4	205.4	73.5
국방벤처 지원사업	102.6	137.9	34.4
방위산업 이차보전사업	93.2	90.4	△3.0
일반부품 국산화 시험평가 지원	66.8	66.8	0
방산전시회 국고보조금 지원사업	16.9	18.9	11.8
유망 수출 품목 발굴 지원사업	13.5	20.2	49.6
방산 중소기업 컨설팅사업	9.0	9.0	0
방위산업 전문인력 양성 지원사업	6.4	12.55	96.1
군용 총포·도검·화약류 안전관리 지원사업	-	2.5	-
국방벤처기업 인큐베이팅 지원사업	-	2.0	-

출처 : 「'22년 국방중소·벤처기업지원시책 온라인 설명회 자료」, 방위사업청, 2022

미국, 첨단 국방 벤처기업 직접 육성·지원

방사청의 경직된 지원사업과 달리 미국은 스타트업에 자금을 직접 투자하거나, 민간 벤처캐피탈이 운용하는 펀드에 유한책임 투자자로 참여함으로써 첨단 국방 기술 획득, 국방 예산 절감 및 수익 창출을 동시에 달성하고 있는 것으로 평가된다. 미국의 대표적 프로그램으로는 미국 중앙정보국CIA의 인큐텔In-Q-Tel과 미국 육군의 Onpoint Technologies가 있다.

인큐텔은 CIA가 1999년 설립한 비영리 법인으로, 중앙정보국·국방정보국DIA·국가안전국NSA·지리정보국NGA 등에서 요구하는 기술을 개발하는 딥테크Deep Tech 스타트업에 출자해 지원하는 벤처투자 회사다. 《월스트리트 저널》에 따르면 현재까지 325개 벤처기업에 투자했으며, 연간 운용 자금은 최소 1억 2,000만 달러로 추정된다. 인큐텔의 성공 투자 사례 가운데 눈에 띄는 것이 카펫에 포함된 화학 성분을 전문적으로 분석하는 벤처기업에 대한 투자다. 이 투자를 통해 아프가니스탄과 이라크에서 인체에 치명적인 화학물질을 탐지할 수 있는 기술을 확보했다는 것이 크리스토퍼 다비 인큐텔 최고경영자의 설명이다.

한편 미 육군은 1990년대 후반, 내부 R&D보다 민간 R&D가 더 혁신적으로 발전하고 있다는 점을 인식하고 2002년 국방부 세출법The Department of Defense Appropriations Act을 근거로 Onpoint Technologies를 설립했다. Onpoint Technologies는 군이 실제로 필요로 하는 기술 획득을 주목적으로, 정부 납품 경험이 없는 민간 기업 기술을 통해 첨단 장비 확보 및 설비 구축을 통한 비용 절감을 추구한다. 민간

주도의 벤처캐피탈과 비교해 리스크 부담은 적은 편으로, 프로토타입 단계의 기술 개발에 직접 투자하지 않으며, 투자 대상을 선정할 때 육군이 벤처기업의 기술을 매입할 가능성을 크게 고려한다. 2004년 Onpoint Technologies가 투자한 Power Precise Solutions 사는 배터리 충전 상태 모니터링 장치를 미군에 납품해 미군은 5년간 3억 5,700만 달러의 비용을 절감할 수 있었다.

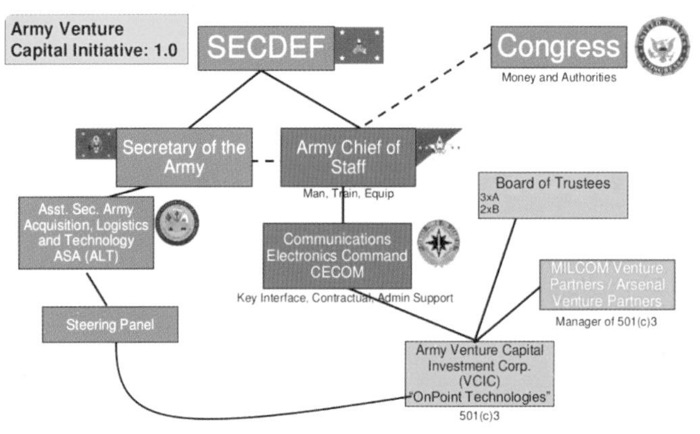

그림 4 인큐텔과 투자회사들(위)와 Onpoint Technologies의 지배 구조(아래)

첨단 국방 벤처기업 육성 위한 국방벤처펀드 필요

방사청의 주요 지원사업은 민간이 보유한 첨단 기술을 군으로 스핀온Spin-on시킬 기회를 제공하거나 국방 벤처기업에 대한 재무적 지원을 하는 데는 한계가 있다. 즉 군의 획득 소요와 직접 관련이 없는 기업의 성장 활동에 대한 지원이 부족해 미래 국방과학기술의 육성과 발굴에 한계가 있을 수밖에 없다.

따라서 미국과 유사하게 펀드 형태의 모험자본을 도입함으로써 지속적으로 성장 잠재력이 높은, 첨단기술 보유 민간 기업을 적극적으로 발굴하기 위한 재정 지원 방식이 필요하다.

일반적으로 국방 벤처기업은 연구개발, 인력 충원 및 사업 추진에 장기간의 투자가 필요하지만 부족한 담보, 제한적인 자원 및 과거 납품 실적 미흡 등의 이유로 자금 조달에 어려움을 겪고 있다. 또한 국방산업의 특수성과 국방 기술의 전문성·보안성 등의 정보 비대칭으로 인해 일반적인 투자자들의 적극적인 투자가 거의 불가능하다. 따라서 적극적인 군의 (간접적 또는 직접적) 경영 참여가 가능하고 자연스럽게 민간 자금 유치를 유도할 수 있는 펀드 형태의 자금 지원이 필요하다.

한편 국내의 모태펀드 중심의 정부정책펀드는 펀드 재원을 조성한 부처의 특수 목적을 달성하기 위한 펀드를 결성하고 수익성 및 안정성 위주의 투자를 하고 있어 개별 부처의 정책 목적이나 산업의 특수성에 대한 지원이 부족하다는 평가를 받고 있다.

따라서 창의적·혁신적인 첨단 국방과학기술의 사업화를 위해서는 스타트업·벤처기업에 대한 적극적인 투자가 가능한 맞춤형 펀드가

표 2 국내 정부정책펀드 요약

구분	투자금융 육성을 통한 기업성장 지원 모태펀드		
	중기부 모태펀드	금융위 성장금융펀드	농식품 모태펀드
운용 주체	한국벤처투자(주) (중기부 산하)	한국성장금융투자운용 (금융위 산하)	농업정책보험금융원 (농림부 산하)
주요 투자 분야	• 정책 지원 분야 (청년창업, 엔젤투자, 여성기업, 지방기업 등) • 콘텐츠 (영화, 공연, 게임 등) • 출자기관 특화 분야 (제약, 관광, 스포츠 산업 등)	• 창업 벤처 (스타트업, 크라우드 등) • 성장 (M&A, 해외진출 등) • 회수재기 (세컨더리, 재기지원 등)	• 농림축산업 • 농축산식품 • 식품산업 • 특수목적펀드 (6차산업, 수출펀드, 창업 아이디어 등)
총투자 금액	27조 881억 원 (2022년 6월 말 기준)	32조 원 (2021년 12월 말 기준)	1조 3,096억 원 (2021년 12월 말 기준)
한계점	• 기금 출자한 부처의 정책적 목적 펀드 위주 • 수익성 강조 및 다른 개별 부처의 정책목적 펀드에 결성·운용에 부정적인 정책 기조	• 기업 성장 과정에서 발생하는 금융 사각 지대를 해소하기 위한 펀드로 개별 부처 정책 목적펀드 결성 불가능	• 농림부 특수성을 반영한 정책지원펀드결성 • 다른 정부 부처의 정책 목적 지원 불가능

출처 : 한국벤처투자, 한국성장금융, 농식품모태펀드 홈페이지

필요하다. 이때 펀드는 추가 민간 투자를 유치할 수 있는 마중물 역할을 할 것이다. 특히 창업 이후 기술 개발, 사업화, 국방 획득 과정까지 대규모 자금 수요가 발생하지만 적기에 자금 공급이 원활하지 못해 발생하는 이른바 '죽음의 계곡Death Valley' 문제를 해소하기 위한 투자에 집중해야 한다.

정부가 국방 벤처기업들에게 필요한 초기 기술사업화자금을 투자해 국방 벤처기업의 사업성 및 경제성을 검증해 줌으로써 민간 자본 투자를 유인할 수 있어야만 지속적인 성장이 가능한 장기적이고 근본적인 관점의 자발적 산업 생태계를 구축할 수 있다.

미국 등 선진국에서는 국방 기술 확보 전략이 전통적인 내부 연구개발에서 외부협력Open Innovation으로 변화하고 있으며, 주로 펀드 투자를 통해 첨단 기술을 확보하고 있다. 외부협력 전략은 국방부에서 확보할 필요가 있는 차세대 8대 기술 분야(방산업체 지정 및 군 납품 등) 진입을 희망하는 벤처기업에 대한 투자를 통해 민간 기술의 국방산업 분야의 사업화Spin-On로 연결할 수 있다. 이때 국방 관련 공공 기술과 민간 기술이 융·복합되는 선순환 기술 발전과 국방산업 육성에 정책자금의 선도적 역할이 요구된다. 국방벤처펀드는 혁신적인 국방 기술 관련 창업기업이 죽음의 계곡을 극복할 수 있도록 실전 창업 도전 기반 조성 및 창업 이후 성장 단계로의 안착을 지원하게 된다. 이를 통해 국방 벤처기업에 대한 금융 지원을 확대할 수 있고 민간 자금 유입을 유도하는 등 선순환 국방 벤처 생태계를 조성할 수 있다.

국방벤처펀드의 특징과 운용 제안

방위사업법 등 관련법상 국방부는 투자조합 결성·운용 근거가 없으므로 국방벤처펀드를 직접 운영·관리하는 것이 불가능하다. 국방부가 직접 운영·관리하려면 법령 개정이 필요하므로 현실적으로는 중소벤처기업부 모태펀드 위탁 운영·관리를 통해 투자조합을 결성, 운영·관리하는 게 타당한 것으로 판단된다. 참고로 모태펀드는 중기부의 중소기업진흥기금뿐만 아니라 개별 부처의 기금 및 일반 예산을 위탁받아 그것을 Seed 재원으로 하여 모태펀드 재원을 조성하고 각 부처의 정책 지원을 위한 정책펀드를 결성, 운영·관리하고 있다. 따라서 국방벤처펀드는 국방부 예산을 확보한 후 전문성 있는 운영·관리를 위해 모태펀드에 위탁 운영·관리할 필요가 있다.

국방벤처펀드는 전체 결성 총액의 70% 이상을 국방 분야의 주목적 투자 대상으로 하여 정책 효과를 극대화하고 기타 투자 30%를 통해 수익성을 추구한다. 국방벤처펀드는 군에 적용 가능한 「국방과학기술진흥 실행계획」의 8대 기술 분야 연구 및 사업화를 추진하는 중소기업들을 지원한다. 구체적으로는 국방벤처센터 협약 기업 또는 투자 시 가입이 확정된 스타트업·벤처기업, 국방 분야에서 연구개발 및 산업 활동을 하고 있거나 민수화(수출 포함)를 희망하는 중소기업 및 방산지원제도(민·군 기술협력사업 포함)의 지원을 받는 기업으로 업력 3년 미만의 창업기업이 투자 대상이다.

국방벤처펀드의 구성 주체는 크게 펀드 전문 운용사인 업무집행조합원GP과 펀드 출자자인 유한책임조합원LP으로 구성된다. 펀드 운용에 대해 무한책임을 지는 업무집행조합원은 주로 창업투자회사, 신기술사업금융업자, 자산운용사가 맡게 되며, 투자 대상 발굴·심사·결정, 투자 기업 가치 제고를 위해 제반 경영 지원, 마일스톤 기반 후속 투자, 외부 자금 유치 지원, 회수 및 분배 임무를 수행한다. 펀드 출자자로 투자 후 수익을 배분받을 수 있는 유한책임조합원으로는 군인공제회,

연·기금, 국책은행, 시중은행, 캐피탈사, 방산기업을 예상해 볼 수 있다.

국방벤처펀드의 관리 주체는 펀드의 운영관리 주체와 정책관리 주체로 구분할 수 있는데, 단기적으로는 한국벤처투자(주)를 통해 위탁 운영 관리 및 정책 성과를 관리하고 중·장기적으로는 국방부(방사청) 또는 출연기관을 통해 직접 관리한다.

표 3 국방벤처펀드 관리 주체

부문		주요 수행 업무	국방벤처펀드
펀드 관리 주체	펀드 운영 관리 기관	• 펀드 추진 계획안 검토 및 공고 • 무한책임 조합원 선정 기준 마련 및 제안서 접수 • 무한책임 조합원 선정 평가 및 선정 • 펀드 결성 및 등록 관리 • 펀드 사후관리 및 해산·청산 관리 업무	한국벤처투자(주) (모태펀드 운영 관리기관)
	펀드 정책 관리 기관	• 국방부 특성에 맞는 펀드 추진 계획(안) 마련 • 우수한 기술 발굴, 사업화 비즈니스 모델 발굴 • SI 및 무한책임조합원(GP) 등과 R&D 기획 단계부터 협력 • 무한책임 조합원과 합계 기술사업화기업 사업화 성공을 위한 기술, 경영, 마케팅 지원 • 분배된 수익의 재투자 방안 마련 • 펀드 성과 분석 및 정책적 효과 마련	(단기) 한국벤처투자(주) (모태펀드 운영 관리기관) (중·장기) 국방부(방사청) 또는 출연기관

시사점

국내 방위산업은 주요 산업에 비해 규모가 초라한 수준이며, 중소기업에 비해 대기업 의존도가 매우 높은 것으로 분석되었다. 이는 글로벌 방산 기업에서 핵심 방산 물자들을 수입할 수밖에 없는 상황과 국내 메이저 체계 업체를 통한 경직된 납품 구조에 기인하는 것으로 판단된다. 이에 따라 국내는 민간 분야의 혁신 기술이 방산 업계로 전달되는 스핀온spin-on 효과가 발생하기 어렵다.

또한 방사청 지원사업들은 기존 방산 업체들의 참여가 용이하게 설계되어 있어, 군 납품 경력이 부족한 민간 기업에는 적합하지 않은 점이 있다. 따라서 기존 지원사업들은 군의 획득소요와 직접적이지 않은 혁신 기업에 대한 지원이 부족해 첨단 국방과학기술을 육성·발굴하는 데 한계가 있다.

이런 문제점을 해결하기 위해서는 펀드 형태 모험자본을 도입하여 성장 잠재력이 높은 첨단 국방과학기술을 지속적으로 개발하고, 보유하고 있는 딥테크 기업을 적극적으로 발굴하기 위한 재정지원 방식의 확대가 필요하다고 판단된다.

참고문헌

1. 〈세계 6위 국방력 제조기술 시너지…K방산, 수출 26조 향해 진격〉, 《매일경제》, 2022.8.16.
2. 「2021 방위산업 실태조사」, 한국방위산업진흥회, 2022.
3. 「광공업 통계조사」, 통계청, 2022.
4. 장원준·송재필, 「중소벤처기업 친화적인 방위산업 생태계 조성을 위한 정책과제」, 산업연구원, 2020.
5. 장원준·송재필·김미정, 『2018 KIET 방위산업 통계 및 경쟁력 백서』, 산업연구원, 2019.
6. 「'22년 국방중소·벤처기업지원시책 온라인 설명회 자료」, 방위사업청, 2022.
7. 「창조국방 혁신펀드(가칭) 조성·운용 방안」, 국민대 산학협력단, 2016.
8. 〈美 CIA, '신기술' 확보 위해 벤처투자사 10년 넘게 운용〉, 《연합뉴스》, 2016.8.31.

벤처 스타트업 생태계의 혁신 동력 ICT와 국방 융합

박세정
칼럼니스트, 한국NFT거래소 대표
퓨처센스(주) CFO
한국국방기술학회 학술이사

ICT 첨단기술의
국방 융합

페치카Pechka(러시아식 '조개탄 난로') 막사(지금의 군대 생활관), 고등학교 때 교련복과 나무로 된 총 모양의 목총, 초등학교가 아닌 국민학교 졸업, 이른 아침 잠이 덜 깬 눈으로 놀이터에 빗자루 들고 서 있던 '새마을운동'.

이런 시대를 살아온 필자 세대의 구호는 "뭉치면 살고 흩어지면 죽는다!"였다.

그런데 코로나 팬데믹 충격 이후의 캐치프레이즈catchphrase는?

"흩어지면 살고 뭉치면 죽는다!!"

코로나19가 인류의 삶에 가져온 변화는 지대하다. 비대면 교육 및 사무, 탈국경화, 신원증명 등 역사적으로 오랫동안 구축해 온 전통적인 생활 습성 자체의 일대 변화를 야기했다. 그야말로 전례 없는, 일상의 전면적 변모다. 포스트 코로나 시대, 비대면 추세와 온라인 강세 속에서 인류 생존의 화두는 '정보통신기술ICT'다.

그 가운데서도 기존의 정치와 경제, 사회를 주도한 중앙화를 거스르는 분산화(탈중앙화, Decentralization) 기술이 일상에 근본적 변화를 가져오고 있으며, 인류 문명의 향방을 좌우할 것으로 전망된다. 분산화 관련 기술이 혁신 동력으로 벤처 스타트업계를 주도하고 있는 가운데, 산업의 흐름이 대대적으로 바뀌는 이러한 파괴적 혁신은 국방산업에 또 다른 화두를 던지고 있다. 바로 ICT 첨단기술의 국방 융합이다.

블록체인 기반의 메타버스와 NFT

그중에서도 국방산업에서 더욱 주목, 접목해야 할 것은 ICT의 핵심으로 부상한 블록체인이다. 4차 산업혁명의 핵심 기술로 인공지능, 빅데이터, 로봇공학, 사물인터넷, 나노 기술, 3D 프린팅과 함께 블록체인의 존재감이 남다르다.

블록체인 기술은 급진적인 분산형 및 탈중앙화 트렌드를 이끄는 원동력 중 하나다. 블록체인은 컴퓨터 네트워크에서 개인과 개인이 체인으로 연결된 블록을 공유해 정보처리 내역을 중앙 서버 없이 서로 신뢰할 수 있도록 하는 기술이다. 위·변조가 불가능하다는 것이 최대 장점이다. 블록체인은 비트코인이라는 암호화폐를 성공적으로 탄생

4차 산업혁명의 핵심 기술 중 하나인 블록체인

시킴으로써 기술의 성숙도와 발전 가능성이 입증되었을 뿐 아니라 암호화폐로 시작된 활용 영역이 금융, 물류, 유통, 제조, 공공 서비스, 사회문화 등의 분야로 확대되고 있다.

블록체인을 기반 기술로 해 대세로 떠오르고 있는 것이 메타버스와 NFT다. 메타버스는 '메타'로 사명을 바꾼 페이스북의 정의가 적절한데, "동일 물리적 공간에 있지 않은 다른 사람들과 함께 만들고 탐험할 수 있는 가상공간 세트"를 의미한다. 현실 세계와 가상 세계의 구분이 더욱 모호해져 가는 사회와 기술혁신 사이에서 메타버스는 테크놀로지와 금융 커뮤니티 내에서 시간이 지남에 따라 성장하고 있으며, 갈수록 사회 전반에 지대한 영향을 미칠 것으로 보인다.

2021년 이래 블록체인의 화두는 단연 NFT이다. NFT는 'Non-Fungible Token'의 약자로, 우리말로는 '대체불가토큰'이라고 한다. NFT는 독특한 고유성이 있으며, 그 자체로 유일무이한 가치를 지닌다. NFT는 블록체인상에 기록된 일종의 디지털 데이터로, 고유한 물리적 대상 또는 디지털 자산, 예를 들면 그림·사진·영화 등과 연결되거나 자체적으로 존재할 수 있다. 요즘 NFT에 대한 기업과 MZ세대의 관심은 날로 커지고 있다.

블록체인 원주민 세대 'BZ 세대'의 시대

'블록체인 시대'가 도래하면서 'BZ 세대Blockchain and Generation Z'의 등장을 눈여겨보게 된다. BZ 세대는 1990년대 중반부터 2000년대 초반에 태어난, 블록체인 테크놀로지가 일상에 스며들어 있는 '블록체인 원주민Blockchain-Native' 세대를 말한다(2021, Sejeong Park).

국방산업에서 블록체인 기술의 활용도는 그야말로 엄청나다. 군수품 유지·관리에 블록체인 기술인 DID Decentralized Identifiers, 분산신원인증를 적용한 블록체인 '라벨링 시스템K-Defence Labelling'이 산업군과 학계에서 심도 있게 논의되고 있으며, 국방 관련 역사 사진과 영상 자료의 NFT 사업화, 가상현실VR을 활용한 메디컬 트레이닝과 군사훈련 프로그램이 진행 중이다.

특이한 사례로 민간의 특허 기술로 개발된 메타팜 기반의 1인 가구 시대를 겨냥한 반려식물 재배기 '그루팜Groo-farm'을 들 수 있다. 토양과 수경재배 두 가지 방식이 모두 가능한 이 1인 가구 전용 식물재배기의 미니 사이즈는 군 보급용 반합 크기로, 블록체인 기반의 분산신원증명과 증강현실 기술을 적용한 반려식물의 고유 값 라벨링을 통해 대화와 특정 컨설팅 기능 및 SNS, 메타버스 생육 수업과 쇼핑은 물론, 구독 물류와 사용자 간 거래까지 가능하다.

이 기술은 국방 분야에도 적용되어 적군에 포위된 고립 상황에서 자체적으로 비상식량을 만들어 내는 대체불가능한 '셀프 작물 키트'로 업그레이드되어 전쟁 발발 시 우리 국군의 생존과 직결돼 지속가능한 전투력을 확보할 수 있게 한다.

블록체인과 국방산업의 융합

이제 민간산업과 국방의 첨단화를 논할 때 반드시 함께 연계되어야 하는 것이 '블록체인'이다. 블록체인은 위·변조가 불가해 군사 정보 추적과 보안을 보증하므로 군대 공급망, 사이버보안, 통신에 대한 활용도가 매우 높다. 특히 사이버전이 전쟁의 주요 수단이 되어 가는 상황에서 블록체인은 군사 기밀 송·수신 등에 적용하게 되면 훌륭한 방어 체계가 될 수 있다. 군수, 방산 계약, 공문서 관리 등 정보 처리 내역의 무결성無缺性과 책임 추적성이 중요하게 요구되는 분야에 우선 적용할 수 있다.

미국 해군의 경우, 군용 무기 공급에 블록체인 시스템을 적용하고 있다. 미 국방부 전투지원 기관인 국방 물류 기관을 위해 블록체인 솔루션을 구축하는데, 이는 중요한 군사 무기 부품에 대한 수요 감지 시스템을 마련하는 것이다. 엔지니어링 및 유지·보수 작업에 대한 위협이라든가 갑작스러운 중단 문제를 감소시키는 것을 목표로 하고 있다.

2021년 9월 세계 2위의 글로벌 방산업체 레이시온테크놀로지Raytheon Technologies 산하 연구·개발업체 BBN테크놀로지는 미국 공군 연구소로부터 블록체인 연구 계약을 수주했다. 이는 표적이 되기 쉬운 단일지휘통제 시스템을 블록체인의 분산원장기술DLT : Distributed Ledger Technology을 통해 분산하여 취약성을 보완하기 위한 것이었다. 미 공군은 2019년 8월 블록체인 스타트업 콘스텔레이션Constellation 사와 빅데이터 관리 자동화 업무협약을 맺기도 했다.

'국방 블록체인'은 사이버전 대응 준비, 국방 물류 및 계약 추적, 정부 및 전장 메시지의 보안, 군대용 제조 개선, NATO 협력 연구개발, 데이터 도난 방지 및 공급망 보호, 무기 시스템 보호 및 완성 분야 등에 적용되고 있다.

스타트업의 요람, 군(軍)

전 세계 4차산업을 선도하는 인재들을 양성하는 스타트업네이션Start-up Nation 이스라엘은 남녀를 불문한 징병제를 시행하고 있다. 그리고 입대 전 기술 경력으로 선별된 병력이 블록체인 계열과 인공지능, 정보 분야에서 군 생활을 시작한다. 여기서는 성별 구분 없이 동등한 교육과 훈련을 통해 사이버 특수전에 최적화된 전사들을 육성한다. 그리고 바로 이들이 전역해 전 세계로 뻗어 나가 스타트업에 종사하며 벤처업계가 주목하는 첨단 분야 기술벤처 업계 동향을 주도하고 있다. 바로 군이 스타트업의 요람인 셈이다.

4차산업의 발전은 BZ 세대를 중심으로 한 민간과 국방의 연쇄 상호 순환을 전제로 한다. 아이러니하지만 전쟁이 인류의 과학과 기술의 차원을 바꿔 놓는다는 방증이다.

국방에서 민간으로 민간에서 국방으로

국방과 민간의 벤처-스타트업 각 분야가 융합·복합·결합해 시행착오를 거쳐 고도의 수준에 오른 민간발發 국방 기술을 다시 민간 사업에 접목해 블루오션을 만들 수도 있다. '국방 블록체인', '국방 메타버스', '국방 NFT', '국방 AI', '국방 로봇' 등 국방 관련 기술이 이미 민간과 면밀히 교류하고 있다. 군수품 유지·관리에 블록체인 기술인 DID를 적용한 블록체인 라벨링 시스템이 산업계와 학계에서 심도 있게 논의되고 있으며, 국방 관련 역사 사진과 영상 자료의 NFT 사업화, 가상현실을 활용한 메디컬 트레이닝과 군사훈련 프로그램이 진행 중이다.

다양한 국방 자원에 ICT 핵심 기술을 적용했을 때의 기대효과는 어마어마하다. 블록체인과 초저지연 연결을 통해서는 신뢰 인프라를 구축할 수 있다. 인공지능과 빅데이터를 통해서는 최대 합의를 도출하기 위한 지능화가 가능하다. 데이터, 미디어, 로봇 인식을 통해서는 전술적 상황에 대한 정보를 생생하게 인식한다. 군사용 네트워크에서 시작한 인터넷이 정보혁명을 이끌었고, 이제 ICT의 핵심으로 떠오른 블록체인이 다시 국방산업의 첨단화를 이끌고 있다.

새로운 경쟁 구도를 만들어낸 갑작스런 코로나19 사태로 인류는 처음에는 당황하고 스스로의 무기력함에 놀라기도 했지만, 권토중래捲土重來의 리벤지Revenge 기회를 부여잡기 위한 희망을 굳건히 쥐고 만회와 반전의 기회를 노려야 한다. 폭풍이 오면 바다가 뒤집혀진 듯하지만, 그로 인해 바닷속의 썩어 가는 적조赤潮가 해소된다. 폭풍 속에 은혜가 있는 이치다. 코로나 시대를 관통한, 미래 세대에 어떤 메시지를 남길지는 온전히 우리의 몫이다.

강한 바람이 불어닥치고 있다. 돌담을 쌓을 것인가, 풍차를 돌릴 것인가?

경제학자 케인스John Maynard Keynes는 "변화에서 가장 힘든 것은 새로운 것을 생각해 내는 것이 아니라, 이전에 갖고 있던 틀에서 벗어나는 것이다"라고 말했다.

국방에서 민간으로, 민간에서 국방으로의 선순환적 시너지, 파괴적 혁신을 통해 우리 대한민국의 진화를 기대해 본다.

첨단 과학기술군 건설의 핵심은 과학기술력과 디지털 문해력

박영욱

한국국방기술학회 이사장
명지대 외래교수
우석대 겸임교수

국방과학기술 개념을 확장하고 군사력 건설 프로세스를 혁신해야 한다!

군사력이 비단 병력 규모에 의존하기보다 첨단 과학기술력에 좌우되는 시대다. 온갖 기술이 발전하고 결합하면서 위협은 더욱 복잡화·복합화하고 있다. 이제 더 이상 3차원 물리적 공간에서의 전통적인 군사적 위협과 사이버 가상공간 및 일상적 공간에서의 테러 등 비군사적 위협을 엄격히 가르는 것이 불가능해졌다. 다영역 전장에서 비대칭적이고 복합적인 위협에 대응해야 하는 무기체계는 매우 다양한 과학기술 및 디지털 기술이 중첩 적용된 고도의 복합시스템으로 발전하고 있다.

이에 따라 선진 수준의 군사력, 특히 무기체계와 장비를 만들고 다루고 운용하는 과정에서 요구되는 과학기술적 전문성 또한 점차 높아지고 있다.

아쉽게도 아직 우리 군의 현 운용 전력 구성에서 차지하는 실제 비중은 상당히 낮은 편이지만, 로봇·드론 등 무인 자율화 기술이나 첨단 정보기술이 적용된 지능형 융·복합 무기들이 이미 군사 선진국을 중심으로 실전 배치돼 운용되고 있는 실정이다.

물론 첨단 무기체계를 직접 만들고 개발하는 국방 연구개발과 방위력개선사업(무기체계를 구매하거나 연구개발해 군에 조달하는 사업) 단계에서 가장 고도의 기술적 전문성이 필요한 것은 잘 알려진 사실이다. 그러나 반드시 무기체계를 연구개발하는 활동에만 과학기술적 전문성이 요구되는 것은 아니다.

이제 전장을 예측하고 위협 대응책을 기획하는 일이 전통적이고 정성적인 개념 도출과 발전에만 의존하기는 어려운 환경이 됐다. 국방에서 현재와 미래의 기술에 대한 이해가 필요하고 중요하게 된 분야가 한두 곳이 아니다. 현재와 미래의 전장 상황과 다영역 공간에서 기술적 진화로 추동된 복합적 위협을 예측하고, 이에 대한 다면적 분석에 기반해 위협을 무력화하고 압도할 수 있는 능력을 도출하는 일(전투발전 프로세스)이 대표적이다. 뿐만 아니라 그러한 능력을 보유하고 발휘할 수 있는 미래 전력체계의 구체적인 모습과 성능을 정의하는 일(소요기획 프로세스)과 매우 다양하고 복잡한 기술장비와 무기체계들을 입체적으로 운용해 군사력을 유지·발휘하는 일 등에도 기술에 대한 이해가 필수불가결한 요소가 됐다. 즉 군사력을 기획하고 건설해 운용하는 군사임무(국방전력 발전 업무) 전체가 과학기술적 활동이 되어 가고 있으며, 그러한 기술적 전문성이 필수적인 전제 요소가 됐다고 해도 과언이 아니다.

그러나 이와 달리 우리 국방 현실은 군사력 건설과 운용 과정에서 쓰여야 하는 과학기술적 지식에 대한 법적이고 공식적 정의가 아직 상당히 협소한 편이다.

현재 법적으로는 '국방과학기술'을 "군사적 목적으로 활용하기 위한 군수품의 개발, 제조, 개량, 개조, 시험, 측정 등에 필요한 과학기술"(국방과학기술혁신촉진법 제2조 2항), 즉 군수품의 개발과 관련된 활동에 필요한 과학기술로 정의하고 있다. 다시 말하면 현재의 법적 테두리에서는 국방과학기술이 군사력 건설과 운용에 관한 업무 전반에 필요한 지식이 아니라 군수품, 그중에서도 무기체계 개발 단계에서 필요한 지식 도구로만 간주되고 있다.

국방과학기술이 이렇게 법적으로 정의되어 있기 때문에 과학기술 활동에 사용할 수 있는 예산이 모두 무기체계 개발 과정, 즉 방위력 개선사업 단계에서만 사용되는 구조로 고착화되었다. 이에 따라 우리 군은 소요 혹은 운용 단계에서 과학기술과 관련된 다양한 활동, 가령 미래 무기체계에 적용 가능한 기술에 대한 연구나 전투 실험 또는 운용 단계에서의 선진 기술 적용 가능성 타진 등이 필요해도 관련 재원을 확보할 방안이 없다. 이로 인해 실질적으로 미래 기술에 기반을 두고 군사력을 기획하거나 운용하는 임무에 제한을 받을 수밖에 없는 형편이다.

현실이 이런 만큼 현재의 법으로 규정되어 있는 국방과학기술 개념과 정의를 좀 더 확장할 필요가 있다. 국방과학기술은 '군수품 개발, 제조, 개량, 개조, 시험, 측정 등에 필요한 과학기술이면서 동시에 이를 위한 군수품의 소요 기획이나 운용 유지 등 일련의 군사력 건설과 운용 과정에 적용되거나 활용 가능한 과학기술'이어야 한다.

이처럼 국방과학기술에 대한 정의가 확대되면 그동안 주로 무기체계 연구개발 단계로만 국한돼 있던 국방과학기술의 주체와 대상도 그에 따라 확대될 수 있다.

군사력 건설의 첫 단계인 소요에서부터 획득·운용 단계에 관여하는 군과 개발자, 그리고 관리 조직까지 다양한 이해관계자들이 군사력 증강 업무 수행의 주체로 격상되면서 진정한 국방과학기술 중심의 네트워크 생태계가 활성화될 수 있는 것이다. 그 결과 첨단 군사력 건설의 견실한 기반이 마련될 가능성이 한층 커질 수 있다.

동일한 맥락에서 전력체계를 기획하는 군 인력뿐 아니라 전력 운용의 주체인 우리 장병들의 과학기술과 디지털 문해력의 증진 또한 매우 중요해진다. 그 어느 때보다도 첨단 무기체계와 장비 운용의 주체인 전투원들이 기반 기술에 대한 기본 지식을 습득하고 이해해 적합한 기술적 운용 능력을 갖추도록 과학기술과 디지털 문해력을 강화하는 일이 중요해졌기 때문이다.

더구나 현재 추세대로 인공지능을 비롯한 디지털 기반의 지능화 무인체계 운용이 확대될수록 운용자가 전장과 무기체계에서 생산되는 데이터 수집부터 활용까지 데이터 관리의 주체여야 하고, 그러한 첨단 체계의 고도화된 능력을 충분히 발휘할 수 있는 즉응적 판단력과 기술적 능력을 보유해야 한다.

아무리 무기체계가 첨단·고도화된다 할지라도 충분히 숙달된 운용 능력이 뒤따르지 않는다면 전력체계의 성능과 기능을 제대로 발휘하기 어렵다. 운용 능력이 부족하면 오히려 아군에게 치명적 피해를 입힐 수도 있다는 점을 유의해야 한다.

게다가 군에서 과학기술과 디지털 문해력을 키우는 교육시스템을 제공하는 일이 우리 군 장병들이 전역 후 고도화되는 정보화 사회에 수월하게 적응해 풍요로운 삶을 누리면서 사회경제적 직무 수행에서도 역량을 발휘할 수 있도록 국가경쟁력을 높이는 2차적 성과를 거둘 수 있다는 점도 충분히 고려해야 한다. 부족하나마 이 책이 이러한 다양한 목표에 조금이라도 부합했기를 바라면서 세상에 선보이고자 한다.

저자 소개

곽신웅

서울대학교 기계공학과 졸업 후 동 대학원 기계설계학과에서 석·박사 학위를 받았다. 현재 국민대학교 기계공학부 교수로 재직하고 있으며, 우주 경제와 국방 우주 정책을 전문 분야로 연구하고 있다. 정부의 우주기술산업화 기본계획 원안을 만들었으며, 한국우주기술진흥협회 설립을 주도했다. 국가 우주개발진흥 실무위원과 국가과학기술자문회의 공공우주/국방위원회 위원을 역임했으며, 현재는 국가연구개발사업평가 총괄위원회 우주항공분과위원장직을 수행하고 있다.

기창돈

스탠펀드대학교 항공우주공학과에서 박사학위를 받았다. 현재 서울대학교 항공우주공학과 교수로 재직하고 있으며, 위성항법, 자율 드론, 초소형 위성에 대한 연구를 하고 있다. 항법시스템학회·항행학회 회장을 지냈다.

김승천

연세대학교 전자공학과에서 학·석사를 하고 전기컴퓨터공학과 박사학위를 받았다. 호주 시드니대학교에서 박사후 연구원을 지낸 뒤, LG전자 DTV/DA연구소를 거쳐 한성대학교에 재직하고 있다. 현재 IT융합공학부 사이버보안 트랙을 운영하면서 블록체인 서비스 개발 및 보안 프로토콜에 대한 연구를 하고 있다.

김일중

한양대학교에서 경영정보시스템(MIS) 박사학위를 받았다. 현재 한국과학기술원(KAIST) 제조AI빅데이터센터 교수·센터장으로 재직하고 있으며, 제조빅데이터, AI 기술, 정책에 대한 연구를 하고 있다. 저서로 『제조 AI 빅데이터 분석기법』이 있다.

류연승

서울대학교 계산통계학과에서 학사·석사·박사학위를 받았다. 현재 명지대학교 컴퓨터공학과 및 방산안보학과 교수로 재직하고 있으며, 방위산업 보안과 안보에 대해 연구하고 있다. 저서로 『산업보안학』, 『컴퓨터 보안 원리 및 실습』 등이 있다.

민연아
동국대학교 컴퓨터공학과에서 임베디드 시스템 데이터와 데이터 보안 관련 연구를 했으며, 동 대학원에서 공학박사 학위를 받았다. SK하이닉스와 가천대학교 소프트웨어학과 교수로 재직했으며, 현재 한양사이버대학교 응용소프트웨어공학과 교수로 재직 중이다. 블록체인의 합의 알고리즘과 인공지능 데이터 처리에 대해 관심을 가지고 연구를 하고 있다. 저서로 『실용적 컴퓨팅 사고와 소프트웨어』 등이 있다.

박명일
KAIST 신소재공학과에서 학사·석사·박사 학위를 받았다. 삼성전자를 거쳐 현재 기술보증기금에 근무하고 있으며, 국립한밭대학교 창업학과 겸임교수로 기술사업화, 기술금융 관련 강의를 하고 있다. 저서로 『꼭 알아야 할 기술사업화 바이블』, 『기술사업화 실무』, 『끝까지 살아남은 탄탄한 기업의 비밀』 등이 있다.

박세정
와세다대학교 정보과학 학사 및 경영학 석사(MBA), MIT 슬론경영대학원 블록체인테크놀리지 수료, 연세대 경영학 박사학위를 받았다. 현재 한국NFT거래소 대표이자 BTS(Blockchain Technology Solution) 기업 퓨처센스㈜ CFO이다. 저서로 『블록체인 제너레이션』, 『스타트업 노트』, 『KAIST 국가 미래교육전략』 외 8권이 있다.

박영욱
서울대학교에서 지구과학교육을 전공하고, 동 대학원에서 유럽 및 미국의 과학기술사로 석·박사 학위를 받았다. 국회와 방위사업청에서 정책 업무를 수행했으며, 방산기업에서 수출 전략과 기술 기획을 자문했다. 광운대학교와 동양대학교, KAIST에서 방산 및 국방정책에 대해 강의했으며, 현재 명지대학교와 우석대학교 객원교수로도 활동 중이다. 20여 년간 국방과학기술을 비롯한 정책 전문가로 활동했으며, 현재 한국국방기술학회 이사장으로서 한국을 대표하는 글로벌 국방 싱크탱크를 만들기 위해 동분서주하고 있다.

박진성
KAIST에서 학사·석사·박사 학위를 받았고, 미국 하버드대학교 화학과에서 박사 후 과정을 했다. 이후 삼성SMD에서 초기 산화물 반도체 연구를 수행하여 Si을 대체한 OLED 제품에 이바지했다. 현재 한양대학교 신소재공학부 교수로 재직 중이며, 원자층 증착법을 활용한 반도체·디스플레이 나노반도체와 응용연구를 수행하고 있다. 2편의 Book Chapter와 200편 이상의 SCI급 논문, 그리고 90개가 넘는 국내외 특허를 가지고 있다.

심승배

연세대학교 산업시스템공학과에서 학사와 석사를 마치고 동 대학원에서 정보산업공학 박사학위를 받았다. 현재 한국국방연구원 군사발전연구센터에 재직 중이며, 국방 정보화 분야 정책 연구를 수행하고 있다. 주요 연구 관심 분야는 디지털 혁신, 데이터 과학, 애자일 방법론 등이다.

윤경용

연세대학교에서 컴퓨터사이언스로 학사를, 전기전자공학으로 박사학위를 받았다. 현재 연세대학교와 페루 산마틴대학교 석좌교수로 재직 중이며, 수소연료전지 전문기업 대표를 겸직하고 있다. 인공지능, 메타버스, 실내위치측위, 수소에너지에 대한 연구에 집중하고 있으며, 저서로 컴퓨터 관련 분야와 영문 저서로 신재생에너지 분야 등 10여 권이 있다.

이우경

KAIST 전자공학과 졸업 후 영국 UCL 대학원에서 박사학위를 받았다. 현재 한국항공대학교 항공전자정보공학부 교수로 재직하고 있으며, 우주·항공 분야의 레이더 연구를 하고 있다. 저서로 『미래 한국』, 『지식의 최전선』 등이 있다.

이우신

광운대학교 컴퓨터공학과에서 학사·석사·박사 학위를 받았다. 한화시스템에서 15년간 국방 네트워크와 인공지능을 연구개발했으며, 2022년부터 광운대학교 SW융합대학 교수로 재직하고 있다. 주요 연구 분야는 인공지능/빅데이터, 클라우드/엣지, 메타버스 등을 이용한 국방 디지털 전환이다.

이지은

한양대학교 교육공학과 졸업 후 동 대학 정보통신대학원에서 박사학위를 받았다. 현재 한양사이버대학교 경영정보·AI비즈니스학과 교수로 재직하고 있다. 저서로 『융합경영』, 『인공지능이 비즈니스 모델이 되기까지』 등이 있다.

정해욱

인하대학교 항공공학과 졸업 후 네덜란드 델프트공과대학교에서 항공우주공학 박사학위를 받았다. 현재 항공우주엔지니어링 전문 ㈜에어로솔루션즈 연구위원으로 재직 중이며, 유무인 항공기와 위성설계 전문가다. 나로우주센터 구축 기술책임자와 항공시험장 구축 기술책임자 등 실무 현장 경력이 다양하다.

조상근
육군사관학교 물리학과 졸업 후 한국학중앙연구원 한국학대학원에서 정치학 박사학위를 받았다. 현재 육군대학 전략학 교관으로 재직하고 있고, 미래예측, 창의적 사고, 비판적 사고, 미래 전쟁 등을 연구하고 있다. 역저서로 『6·25전쟁에서의 소부대 전투기술』, 『FOG OF WAR: 인천상륙작전 VS 중공군』 등이 있다.

조이상
수원대학교 기계공학과 졸업 후 한양대학교 대학원에서 박사학위를 받았다. 현재 한성대학교 기계전자공학부(기계시스템공학과) 교수로 재직하고 있으며, 무인항공기 및 항공무기체계에 대한 연구를 하고 있다.

주병권
1995년 고려대학교에서 박사학위를 받았으며, 한국과학기술연구원(KIST)을 거쳐 2005년부터 고려대 전기전자공학부 교수로 재직 중이다. 삼성디스플레이-고려대 연구센터장, 한국주도형 K-센서사업 총괄책임자, 첨단센서 2025포럼 공동위원장, 그리고 한국문인협회 종로지부 이사 등으로 활동 중이며, 반도체·디스플레이 전문서적, 시집, 수필집 등 총 13권의 책을 집필, 출간했다.

최형욱
기술전략가이자 innovation catalyst로서 기업들의 혁신과 신사업을 함께 디자인하고 있다. 아시아 혁신가들과 함께 'Pan Asia Network'을 공동 설립했고, 미래전략 싱크탱크 '퓨처디자이너스'의 future designer로서 미래 전략을 자문하고 있다. 저서로 『버닝맨, 혁신을 실험하다』, 『메타버스가 만드는 가상경제 시대가 온다』 등이 있다.

한성수
서울대학교 섬유공학과에서 학사, 동 대학원 섬유고분자공과에서 박사학위를 받았다. 현재 영남대학교 화학공학부 교수로 재직하고 있으며, 섬유 고분자물성에 대해 연구하고 있다. 저서로 208편의 SCI 논문과 5편의 Book Chapter가 있다.